ドキュメント●

東京外環道の真実

住宅の真下に巨大トンネルはいらない!

丸山重威［著］
東京外環道訴訟を支える会［編］

あけび書房

はじめに

静かな郊外の住宅街、あなたの家の地下に、直径16メートルもの巨大なトンネルが、地下を這う巨竜のように、のたうっていく…。そんなことが許せますか？　地上の道路とのジャンクションは巨大だし、本線から地上に上がっていく接続部分、「地中拡幅部」などのトンネル工事領域の幅は最大１００メートル近くになります。

地下のトンネルの周りの土はかき分けられ、また、地下水は遮断されます。地中から地表に向かう土の間には細い空間ができて、地上にまでつながります。細い空間からは、酸欠の気体と水が溢れてきます。「地下をこんなに使うんだけど…」とひとこと断ってくれていればまだしも、ですが、何の連絡もないまま、地下の盗掘と掘り返しが始まっているのです。その上に住む住民には自動的に建築制限がかかり、売買も容易でなくなります。

心配なのは、トンネルの中の火災や事故もありますが、地下水が遮断されるために池や川が涸れたり、地盤が崩れて陥没が起きたり、地震で思わぬ被害が出ないとは言いきれません。換気塔から出る自動車の排ガスは、大気汚染をもたらします。

それだけではありません。ジャンクションでは立ち退き強要の買収交渉、ランプトンネルや地中拡幅部では区分地上権の契約交渉が手を変え、品を変え、強圧的に繰り返されています。

東京の西側を北から南へ、かつてのグリーンベルトに沿って水の豊かな地域で、練馬区から杉並、武蔵野、三鷹、調布、狛江、世田谷の7区市を貫き、強引に進められている「東京外環道建設計画」について、何が起きているのか、そんなことでいいのか、住民の立場から、その不条理と不合理を明らかにするためにこの本は作られました。

もともと、日本が廃墟から立ち上がり、「経済大国」を目指して走っていた時代、各地にはコンビナートが造られ、高速道路やダム、新幹線の建設が計画されました。東京には、東西南北各方向から、放射線状の幹線や高速道路が計画され、首都東京には、皇居を囲んで幾重にも環状道路が描かれました。

「東京外環道建設計画」もそうして描かれ、生まれました。この前の東京オリンピックが開かれる何年も前に構想され、オリンピック終了後の1966年7月、計画決定されました。

しかし、数千戸の住宅を立ち退かせ、破壊させての道路建設にはさすがに反対の声が広がり、1970年、当時の根本龍太郎建設大臣は「全面凍結」を宣言せざるを得ませんでした。

しかし、大型公共事業を景気てこ入れの材料にしたい建設業界、そして自民党政権と、計画に連なる国土交通省、東京都などは、一方で大深度地下開発の技術、法制対策を進め、石原慎太郎都知事を動かし、外環道建設を地下化によって進めることにしました。「大深度地下の公共的使用に関する特別措置法」（以下、大深度法）が制定されました。建設が決められたのは、凍結から約40年、２００９年5月、民主党政権が生まれる半年前のことでした。

「大深度法」では深さの基準として、①地下40メートル以深、②基準杭の支持地盤上面から10メートル以深、のいずれか深い方―の地下を「大深度地下」として使用認可の対象としました。

私たちの日本国憲法は、「財産権は、これを侵してはならない」とし、「財産権の内容は、公共の福祉に適合するように、法律でこれを定める」「私有財産は、正当な補償の下に、これを公共のために用いることができる」（29条）と決めています。そして、「良好な環境を享受する権利」を含む「生命、自由および幸福追求に対する国民の権利については、公共の福祉に反しない限り、立法その他の国政の上で、最大の尊重を必要とする」（13条）とも決めています。

それなのに、地下40メートル以深だからといって、何の補償も承諾もなく、危険と不安がいっぱいの地下トンネルを勝手に掘ることを認めていいのでしょうか。地元でこれだけの反対があり、社会情勢も大きく変化したのに、60年前の計画に固執し、約1兆６０００億円（そのうち1兆円強は税金です）以上の巨費を投じて、トンネル道路を造る意味があるのでしょうか。

東京外環道には、①地下トンネル工事では事故が続出しており安全性に問題がある、②地下水の水質、水位、枯渇などが予想され環境破壊につながる、③外環道の地上部に造られる「外環の2」などの工事を入れると経費は2兆円近くになる。人口減の日本は道路ではなく、福祉や自然災害の被災地復興に優先的に税金を投入すべきだ、④大深度では都市計画法の建築制限がかけられ、国の先買権が発生、地中拡幅部などでは区分地上権が設定され、財産価値が低下する、⑤大深度には何も補償がないし、区分地上権者にも一方的に決められた計算式による納得し難い理屈で、十分な補償はない――などの問題があります。

それだけに住民の立場もそれぞれ違っています。ただ一致するのは、「こんな道路はいらない」――。私たちの運動は、素朴な疑問から出発し、形ばかりのパブリック・コメント募集に声を寄せ、国交省の承認、認可に異議申し立てをするに至りました。私の生活は、住宅はどうなるのか――。多くの人が長いものに巻かれる世の中。庶民の慎ましい日常の生活を奪おうとする権力に正面から向かい合うため、裁判に訴えたのです。

ぜひこの本で、東京外環道の問題の所在を知っていただき、日本の国の将来に照らして、その「おかしさ」を変える闘いへのご支援をお願いします。

この本の出版にあたり、あけび書房の久保則之代表はじめ、多くの方々のご協力をいただきました。この場を借りて、厚く感謝いたします。

２０１８年10月25日

東京外環道訴訟を支える会

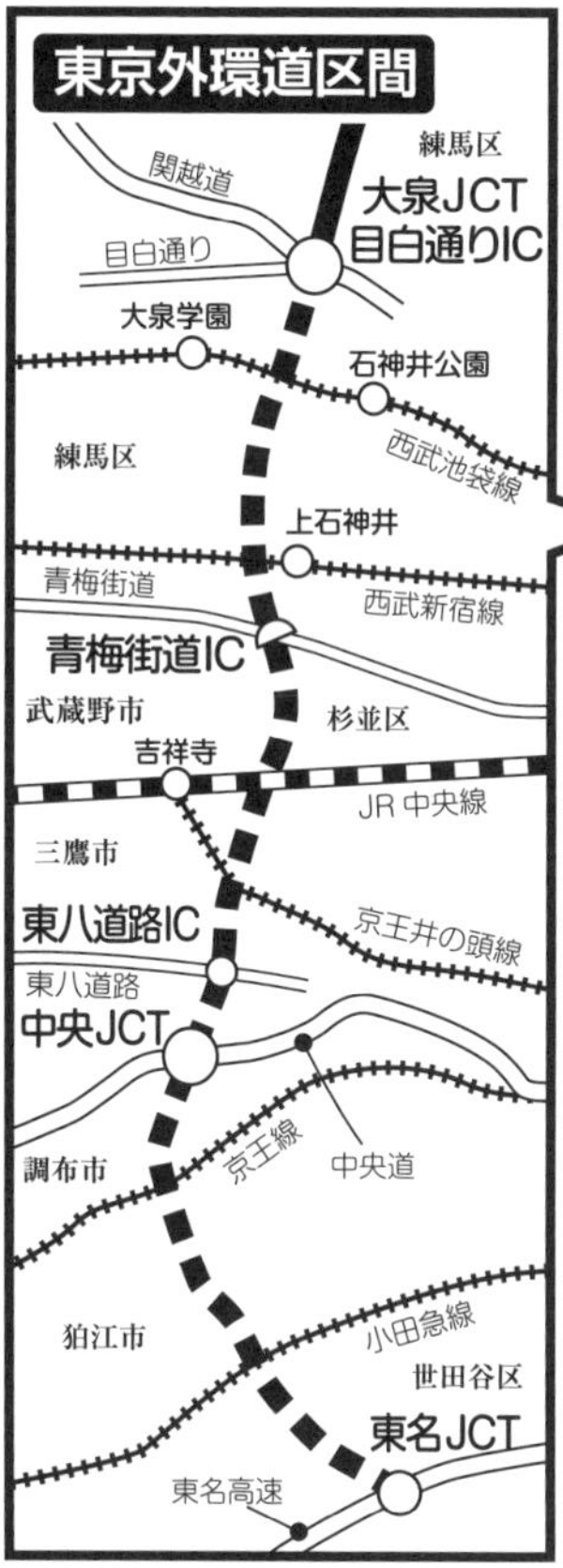

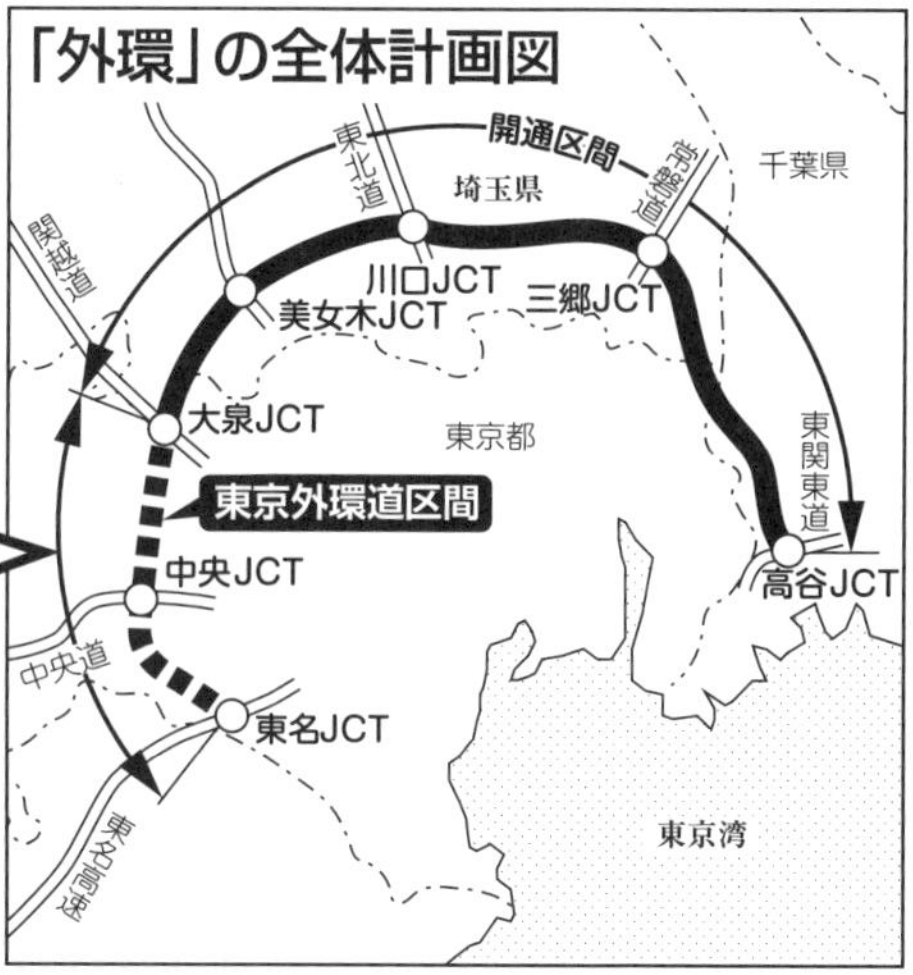

東京外環道区間
(大泉 JCT～東名 JCT)
・道路幅員 40～98m
・延長 16.2km
・車線数 6 車線
・直径 16m
(2本の大深度トンネル)

―東京外環道とは

東名、中央、関越など、東京から放射状に外に向かう高速道路を結び、都心から約15キロを環状に連絡する高速道路。1960年代に計画されたが、関越自動車道から東名高速に至る区間は、地元の反対で約40年間凍結。高架から、大深度地下に2007年に計画変更して、2012年建設が始まった。

「渋滞解消」がうたい文句だったが、既に自動車交通量は減り、2兆円にも達する総建設費は壮大な浪費。地権者の許可も補償もないがしろにしたまま、住宅の真下を通るトンネルは、財産権を保障した憲法に違反。地下水の変化、地盤沈下、大気汚染などの危険も多い。住民たちは、真実を求めて闘っている。

目次

どこへ行く「車社会」／文明の限界から持続可能な社会へ

5章 隠された危険、住民の不安
――説明しない事業者、広がる不信

ドキュメント
東京外環道の真実

丸山重威

1章

知らないうちに地下にトンネル…

——起ち上がった住民たち

シンガポールでは歴史的な米朝首脳会談が開かれた２０１８年（平成30年）６月12日。東京地方裁判所８０３号法廷では、裁判官交代の弁論更新手続きを含めた「東京外環道訴訟」の第２回口頭弁論が開かれました。定員52の傍聴席は満員。入れなかった人も出るほどでした。

私たちがこの60年に及ぶ東京外環道問題に改めて関わるようになったのは、今世紀に入って、凍結されていた計画が再び動き出し、大深度地下での建設が語られるようになってからでした。「どうなるのか」と説明を求め、要望を出してきたにもかかわらず、無視されたまま決められた方針に、異議申し立てを繰り返してきました。しかし、誠実な対応がないまま、異議申し立ては却下、棄却されました。そのうえでの訴訟でした。やむにやまれず、この道路計画の決定を裁判で争うことに決めたのです。

２０１７年12月18日、東京地裁に訴えた「東京外環道大深度地下使用認可無効確認等請求事

件」。原告は13人。第1回口頭弁論は2018年3月13日、この日も傍聴席に入りきれない傍聴希望者をドアの外に残して、裁判が始まっていました。

更新手続きが終わると、原告の意見表明がおこなわれました。この日6月12日に証言したのは、4人の原告です。2人は、前回（第1回）の口頭弁論のときにも陳述したのですが、裁判官が交代したので、もう一度陳述することになったのです。

大深度地下は本当に地上に影響はないのか——岡田光生さんの意見

「私は、原告の一人である岡田光生です。私のこの陳述は、この裁判が公平・公正におこなわれることを大前提としているということを表明させていただきます」

岡田さんはこう切り出しました。裁判の「公平・公正」、それは当たり前のことです。しかし、行政とのやりとりの中で、質問しても答えられず、要望しても事態は変わらない実態を、ずっと経験し続け、見続けてきた岡田さんは、こう言わなければならなかったのです。

「私は杉並区に70年近く住んでおり、その土地の地権者であります。しかし残念ながら、これまでに国・事業者から、私の家の地下空間にトンネルが掘られることも、その詳細についても一切正式な通知をいただいたことはありません」

岡田さんは長い間、大企業で働いていた技術者です。

「私は技術者ですが、経験上、次のような疑問がごく自然にわきあがりました。それは『住宅地の地下で、地上部に影響を及ぼさないかたちで、安全にトンネルを掘る技術は確立されているのか?』『住宅街の下に掘られたトンネルは、その後、地表部に対して問題を起こすことはないのか?』などです」

そうなのです。東京の片隅で始まった素直な訴えです。決して派手な闘いではありません。しかし、住民たちのやむにやまれぬ気持ちが訴訟という手段に駆り立てたのです。

岡田さんは訴えます。

「そうした疑問を調べていくうちに、分かったことは『外環道地下トンネルは、危険極まりない!』『自然環境への影響も大きく、無視できない!』ということでした」

そして、岡田さんは続けます。

「そうした結論を導くのに後押ししてくれたのは、国や事業者の住民に対する客観的事実に即したとは言いがたい無責任な説明であり、情報開示に対するあまりにも後ろ向きな不誠実な姿勢です。住民を真の情報から隔離し、『門外漢』扱いするような姿勢は許しがたいことです。国・事業者は『安全、安全』と言い続けていますが、本当にそうでしょうか?」

日本社会の中で、国や大企業などが、十分な情報公開をしないまま、「由らしむべし、知らしむべからず」の姿勢でことを進めていくことは、さほど珍しいことではありません。しかし、その話が、自分の住宅の下に、とんでもなく巨大なトンネルがうねるように通ることになる、という話では、そう簡単に見過ごしてしまうことはできないでしょう。訴訟はそんなことから始まったのです。

岡田さんは、技術者らしく、このトンネルを掘っている「シールド工法」など、建設の方法論についても不安を表明しました。

「『シールド工法は地表への影響が少なく、上下水道、共同溝などの建設に使われている』とその実績が強調されています。しかし実態は、トンネル建設後の道路陥没などの問題があとを絶たず、路面陥没事故の防止・減少に向けた取り組みをせざるを得ない状況です。

2007年2月には、近畿地方整備局が『シールド工事占用許可条件と解説（案）』を作成し、今年2018年1月には関東地方整備局が『路面陥没の防止に関する検討会』を立ち上げています。つまり、住民に説明している内容と実態との間には大きな違いがあるのです」

岡田さんは続けて、地盤陥没の原因になりかねない、「トンネル外周部の水みち」とトンネルの外側と地盤の隙間に詰める「裏込め剤」について語りました。

トンネルを掘っていくと、地下水の流れが分断されたり、その流れが「水みち」（水が通れる、新しく作られたすき間）を作って、トンネル外壁と周辺の地盤との間に隙間を作り、いずれも道路の地盤陥没の原因になる危険があるというのです。この隙間を埋めるために使うのが「裏込め剤」です。トンネル壁（セグメント）の外周部と地盤の隙間に特殊な充填物質を入れて、取り付けたトンネル壁セグメントを地盤と固定します。しかし、これで地盤の中でトンネルを安定させることはできても、水みち形成を完全に抑制することはできません。

岡田さんはさらに続けます。

「国・事業者は、展示パネルや配布資料の中では、『裏込め剤を充填するので、新たな〝水みち〟は発生しない』と記載しています。しかし一方、最近の口頭説明では、裏込め剤では『水みち』の発生を防ぎきれないと認めています。さらに昨年12月の杉並区議の方々による工事現場視察でも、同様な発言が確認されています。一体これらの齟齬はなぜ生じるのでしょうか？

「シールド工法、地中接合工事の地中拡幅工法、地下水流動保全工法などはいずれも、やってみなければ分からない『試行錯誤』が必要な技術であることが明らかです。東京外環道は、これら未熟な工法を用いて、予防原則をないがしろにしたまま、成熟した住宅地の真下に、危険なトンネルを掘るという住民をモルモット扱いする暴挙です」――。

岡田さんは、「こうした暴挙が許されるのは、ひと言で言って大深度法という法律が作られたからです。この法律は地権者の承諾を得ずに、その地下空間に勝手なものを造ることを認めています。知らぬうちに忍び寄る陥没事故の恐れを抱きながらの生活を強いることは許されません。一切の自衛手段を持たない住民にとって、この危険極まりない地下トンネルの建設を回避させる方法は、大深度法の無効化しかないということを申し上げます」と結びました。

「意見陳述は裁判官に向かってするのですから、こちらに向かって話してください」――岡田さんの熱心な訴えに聞き入る傍聴席を見た裁判官が原告に注意しました。裁判官も真剣にならざるを得ないのです。

大深度、地中拡幅部、ランプトンネルの不安――國井さわ美さんの場合

岡田さんに続いて訴えたのは、調布市の原告、國井さわ美さんです。

國井さんの住まいは、中央道との接続地域に近い同市緑が丘。小金井から武蔵野、三鷹、調布、世田谷を通って、野川に注ぐ一級河川・仙川のすぐ近くです。自宅から50メートルほど離れた近所に、お子さんご一家も住んでいます。

ところが、そこに大深度地下のトンネルが通るうえ、子どもたちが住むところの地下は、地下24メートルと12メートルに、ランプトンネル２本も掘られることになっています。自宅の大深度地下は無断・無補償で掘削可能とされていますが、事業認可されてしまったので、大深度ではなくても、土地収用を掛ければ、事業者が地下空間を使用できる仕組みになってしまっています。ランプトンネルというのはこの外環道と他の高速道路や一般道との接続トンネルです。このランプトンネルがある辺りを、地上から地下へ縦に切ったとすると、その断面は、まるでレンコンのように、トンネルの穴が通ることになります。（18～19ページの図参照）。

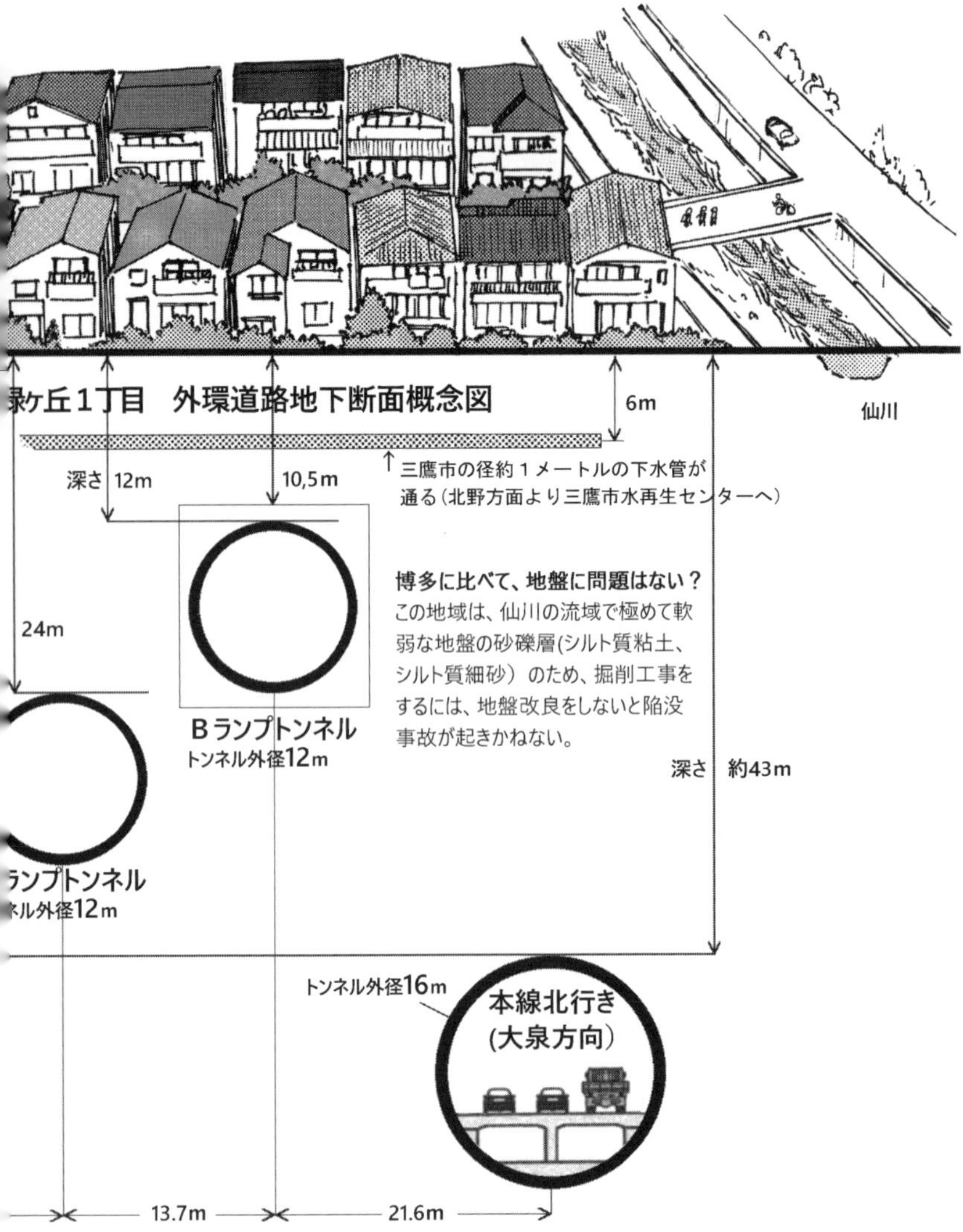
緑ヶ丘1丁目　外環道路地下断面概念図
仙川
6m
深さ 12m
10,5m
↑三鷹市の径約１メートルの下水管が
通る（北野方面より三鷹市水再生センターへ）
博多に比べて、地盤に問題はない？
この地域は、仙川の流域で極めて軟弱な地盤の砂礫層(シルト質粘土、シルト質細砂）のため、掘削工事をするには、地盤改良をしないと陥没事故が起きかねない。
24m
Bランプトンネル
トンネル外径12m
ランプトンネル
ネル外径12m
深さ　約43m
トンネル外径16m
本線北行き
(大泉方向)
13.7m
21.6m

調布市緑ヶ丘１丁目の地下の状況

緑ヶ丘1丁目の「外環道路概念図」です。それに博多道路陥没事の図を同じ縮尺で重ねました。博多のトンネルは、事故が起きた作業時で、幅9mx高さ5m。地域の地下を通る、外環の4本のトンネルと比較して下さい。

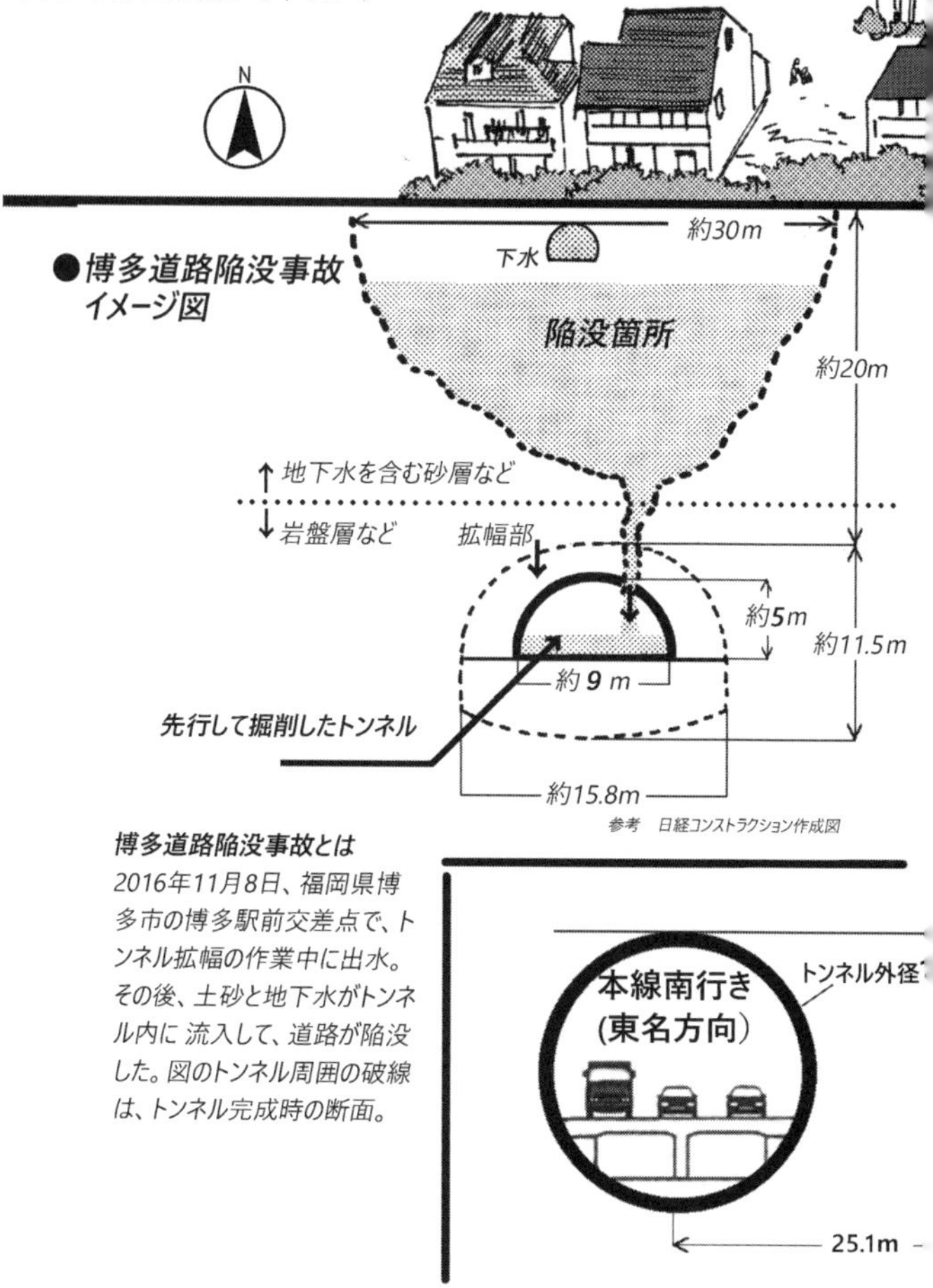

参考　日経コンストラクション作成図

博多道路陥没事故とは

2016年11月8日、福岡県博多市の博多駅前交差点で、トンネル拡幅の作業中に出水。その後、土砂と地下水がトンネル内に 流入して、道路が陥没した。図のトンネル周囲の破線は、トンネル完成時の断面。

原告の國井さわ美さんが陳述に使った自宅近くの地下の状況図

「私は原告の國井さわ美です。調布市緑ヶ丘1丁目に住んでいますが、私の家の地下40メートルぐらいの所に、直径16メートルもの巨大な大深度地下トンネルが掘られる予定だそうです。4階建ての建物が入る大きさです」と切り出した國井さんは子どもたちのことを含めて話しました。

國井さんの心配は、この外環道によって、大気汚染や騒音・振動、低周波振動、地盤沈下・隆起・陥没が起きることです。近くの中央ジャンクションには2本の換気塔がつくられます。1日10万台の外環道の車から排出される高濃度の汚染物質が下降し、滞留する可能性が高いため、呼吸器系の健康被害が心配です。

「わが家のすぐそばには、仙川という一級河川が流れています。地盤は軟弱で、事業者のひとつであるNEXCO中日本（中日本高速道路株式会社）は、『中央ジャンクション南の地層は、透水性の高い砂の層で、出水時のリスクが非常に高い』と言っています。地盤の隆起・沈下・陥没の危険があるということです」

「私は、地盤改良が必要であると考え、ボーリング調査の結果も知りたいので、事業者が開催する説明会やオープンハウスには時間が許す限り出席して、質問してきました。しかし、それに対する回答は、『地層が軟弱なのは分かっているが、地盤改良はしない』『ボーリング調査の結果は公表しない』ということで、納得いく回答は示されませんでした。

説明会などに参加して分かったことは、事業者は、住民の疑問にはまともに答えず、適当に専門用語を並べ立て、住民をあしらうだけだ、ということでした。答えられないときは『検討して後日お答えします』とその場を言い逃がれするだけで、後日返事は返ってきてはいません」

國井さんは陳述しました。

「東京外環道は大部分を大深度法により、無断・無補償でトンネルを掘ることができるため、大深度上に住む住民の了解を得る必要はありません。区分地上権者の土地も、事業認可されているので、住民がどんなに反対しても、土地収用法にかければ事業者は使用権を取得できるようになっています」

「地盤沈下の不安を抱く土地所有者の住民がトンネルの安全性の説明を求めても、無断で、問答無用で、事業者はトンネルを掘ろうとしています。法治国家で許されることでしょうか」

「事業者からは、外環道は大丈夫だという根拠を示してもらったことがありません」

そう國井さんは訴えます。

そして、國井さんは、2016年（平成28年）11月8日、福岡市のJR博多駅前で起きた道路陥没事故を引いて、事業者との話し合いの様子を伝えました。

「博多駅前の陥没事故が起きたとき、事業者の説明は、『工法が違う。博多はナトム（NATM）工法で、外環道はシールド工法だ』というものでした。しかし、シールド工法の横浜環状北線では、400メートルも離れた住宅街で13センチの地盤沈下が発生しています。博多も横浜も最善を尽くして工事を進めたでしょう。しかし、地下は掘ってみなければ分からないと言われる世界です」

横浜の地盤沈下は、2017年8月3日付朝日新聞が報道、外環ネットと野川べりの会も同年8月27日に、地元の家屋補償説明会に参加後、地盤沈下地域の被害状況を調査しました。

「外環道の地中拡幅工事は、国も事業者も『世界最大級の難工事』と認めていますが、工法も決まっていませんし、談合疑惑もあって、工事を請け負うゼネコンも決まっていません。過去の事故を真摯に学ぼうとせず、地権者にまともな説明をしようとしない外環の事業者に、『世界最大級の難工事』を安全に進める技術があるのでしょうか。技術以前に、その資格さえないのではないかと思います」

「しっかり答えていただかない限り、置き去りにされる住民の疑問・不安は解消しません。いつ陥没・地盤沈下するか分からない危険な土地にされてしまっては、買い手は付かないでしょう。不安を抱えながら、子や孫が住み続けることは、精神的に耐えられません。何とかして、幼い命だけは守ってやらなければと、日々考えあぐねて過ごしています。住み慣れたこの地で、孫の成長を楽しみに生きる、ささやかな私の幸せを、シールドマシンで土砂と一緒に掘り取らないでください」

「事業者は、自分たちにだけ都合の良い『区分地上権設定契約書』を地権者に一方的に押し付けてきます。『契約』とは名ばかりで、まるで戦時中の『赤紙』や『接収』です。契約書には、原状回復義務や、供用後に事故があった場合の具体的な補償も記されていません。少なくとも安全を担保した契約にし、住民に安心を与えるべきです」

本当に池の水は涸れないか――古川英夫さんの主張

続いて陳述したのは、杉並区善福寺に住む古川英夫さんでした。

古川さんの家のすぐ近くにあるのは、東京西郊の景勝地・善福寺池。古くからの湧水池として知られ、農村だった江戸時代には、貴重な水源でした。いまも善福寺川の水源にもなっているほか、東京都水道局杉並浄水所の水源です。

以前は同じ名前のお寺が善福寺池のほとりにありましたが、江戸時代に災害により壊滅し、そのまま廃寺になったとのことです。いま近辺に「善福寺」という名の寺がありますが、これは「福寿院」という違う名前だったお寺で、後年地名をとって改名されました。善福寺池周辺は、1961年に都立公園として指定され、都民の憩いの場になっています。

5歳のときから、この近くに住み、育ってきた古川さんにとって、心配なのは池の水が涸れてしまうことです。古川さんは、自ら撮った写真を見せながら説明しました。

「私は終戦直後、5歳のときに杉並区善福寺の現在地に引越して来て、70年程住み続けてき

古川さんの自宅近くの景勝地・善福寺池の水涸れが懸念される

ました。子どもの頃、昆虫少年として善福寺池の周りをホームグランドとして育ち、水と緑に恵まれたこの美しい自然環境はとても気に入っており、このままの美しい姿を何とか、次代の子どもたちに残したいと常々考えているものです」

「私が外環道問題にかかわって以来、最も心配をしている点は外環道トンネル掘削によりこの善福寺池が涸れてしまうのでは？　ということです。ところがアセスメント（環境影響評価）の結果では、『涸れることはない』というのです。ほんとにそうでしょうか？

ここで外環道のトンネル掘削がどのようにおこなわれるのかを調べてみました」

「これは、外環道トンネルを掘削するシールドマシンの写真です。直径が日本最大

巨大シールドマシンの先端カッターの回転時写真
（東京外環プロジェクト発行『東京外かく環状道路』パンフの表紙）

の16メートルです。円形の正面についている多くの刃物で地中をゴリゴリと、1日に10～20メートル、1か月に500メートル程のペースで掘進すると言われているのです。16メートルという数字は、マンション5階建ての高さの数字です。過去、何千年、何万年と静かに過ごしてきた武蔵野台地の地中はいきなりこの様な巨大な機械で大きな穴をあけられ、水脈は切られ、『地下の世界は大混乱』となるのです」

古川さんは、さらに、外環道トンネルと地下水との位置関係を話しました。

「外環道トンネルは、大深度地下と呼ばれる地表より40メートル以上の深さの場所を通ります。地下水の層で見ると、善福寺周辺では、トンネルは地表から3番目の地下水層とぶつかる形になります。外環道トンネルは南北方向に走り、地下水層は奥多摩方面から東京湾方向（つまり西から東に）ゆっくりと流れています。まさに外環道トンネルは地下水の流れを遮るように、高さ16メートルの大堤防として存在することになります。行く手を遮られた地下水は上流側に溜まり続け、下流側には流れてこないという状態になります。この結果、下流側に陥没や地盤沈下、井戸枯れなどを引き起こしてしまいます。

アセスメントでは、『浅層地下水ではこの様になるが、深層地下水ではこうした影響は少ない』と予測されています。外環道ではこの弊害を避けるために、溜まった上流側の地下水をバイパス管を通して下流側に流す『地下水流動保全工法』を採用することにしており、『この工法は確実に効果がある』と主張しています」

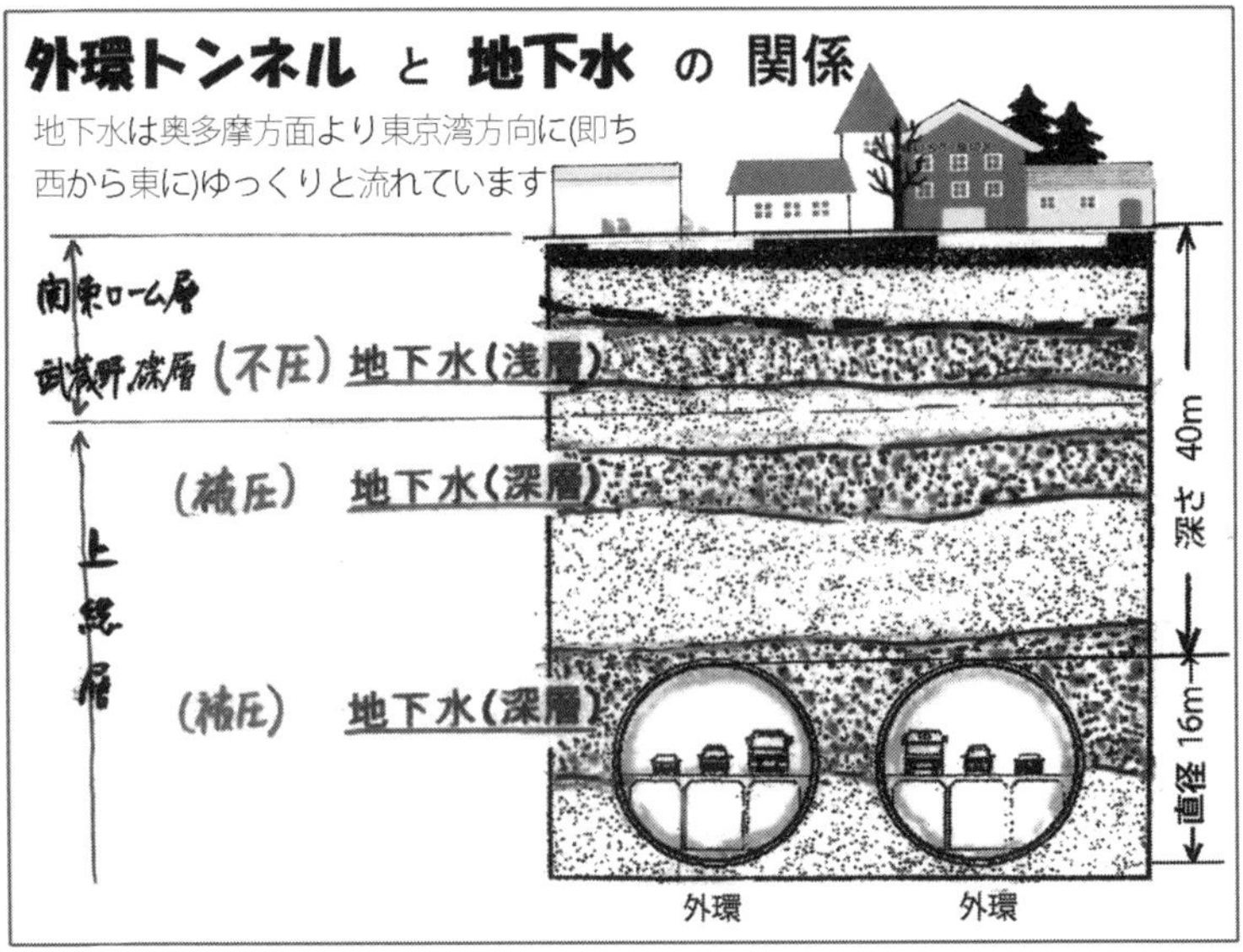

古川英夫さんが陳述に使った手作りの図「外環トンネルと地下水の関係」

古川さんは、この工法を採用した環状8号線井荻トンネルの例を引いて、ほとんど効果が見られなかったことを説明しました。

「国の説明では、この工法の採用例は16例あり、いずれも順調に機能していると言います。ところがその内の1例『環8・井荻トンネル』では、トンネルの上流側、下流側で、工事前でほぼ同じだった地下水の水位差が、着工後5年経って、4メートルにもなってしまっていることが分かりました。この保全工法を採用したけれど、結果は水位の差が縮まらなかったのです」

古川さんは、その理由について、「地下水には、砂や小さな砂礫が混じっており、すぐにバイパス管のフィルターが詰まってしまったのです。そして、その後何年経っても元に戻らないのです」と話しました。

古川さんの分析では、国から入手した16例の保全工法採用例の調査報告書では、その大半の現場で効果が疑問視されていました。古川さんは、「効果が確実にあると言うなら、まず、この井荻トンネルのグラフのように地下水位の上流側、下流側の水位差を数値で示すべきです。証拠も出さず単に効果は確実である、と言い切るのはおかしいと思います」と述べました。

そして、古川さんの不安は、やはり善福寺池に戻ります。

古川さんは、「保全工法で効果があることを前提条件にしているが、そこでは『水みちの発生は無い』としているのもおかしいではないか。初めから環境に与える影響は少ないと答えが出る前提条件を設定し、それに基づいて実施するアセスメントの結果はとても納得できない。前提条件を見直し、アセスメントをやり直すべきです」と主張しました。

「私がこれを主張できるのは、国が問題無しと説明したものが、トンネルが完成し、道路が供用されてから、当初心配したとおりの現象が現実に起こっているのをいくつも見ているからです。

圏央道の八王子城跡トンネル工事のために、御主殿の滝が涸れ、城山川が完全に涸れ、誰も責任をとらずにそのまま放置されている例があります。また、大阪の箕面の滝の滝涸れやリニア新幹線実験線での川涸れ、井戸涸れなど数多くの水涸れがあります。同様に、善福寺池も涸れてしまう、と判断されるのです。アセスメントでは、予測計算するときの前提条件を現実を見据えたものに置き換え、そのうえで解析をおこなうなど、再アセスメントをするべきです」

井荻トンネルの場合は、トンネルが造られたことで近隣家屋で地盤沈下が起きるなどの被害が出て問題になりました。調べたところ、トンネルの両側の地下水位差が明らかになったのです。これを下げる工事がおこなわれました。しかし、地下水位差は結局改善されていないのです。

自ら「難工事」という地中拡幅部——海野純弘さんの場合

最後の陳述は、世田谷区の海野純弘さんです。

紺色のスーツ。端正なサラリーマンを思わせる海野さんは、分かりやすいことばで、「工事のおかしさ」を問いかけました。

「現に人が暮らしている家の真下に、巨大な穴をあけて道路を通そうという外環道計画は、根本的に異常です。これまでも、地下トンネルは、さまざま造られていますが、多くの人々の暮らす住宅街の真下に、これほどの巨大な穴を延々あけた例はないでしょう。

当たり前です。それがどれほどの危険性をはらみ、また人の権利を無視したものか、考えるまでもなく分かることだからです。ところが外環道計画はその誰でも分かる危険性と、人への配慮を、完全に無視しています」

海野さんの自宅の地下は、地中拡幅部です。海野さんは、事業者が「世界最大級の難工事」

と言っていることを取り上げました。

「私の住まいは、真下に地中拡幅部が計画されています。ここは事業者自らが『世界最大級の難工事』と早い段階から公言して憚らない、極めて高い難度と危険性を伴う部分です。

今から人の家の真下に大穴をあけようという者が、そこに住まう人々に対し、わざわざ『貴方のところは世界最大級の難しい工事です』と宣言する。これはどう考えても異常な事態です。通常なら『心配は無用です。我々が難なく工事します』と言うでしょう。しかしそうは言えないのです」

海野さんは、今年2018年4月、日本経済新聞に掲載された、「東京区間20年開通断念」とする記事（本書161ページに記事掲載）で報じられた事業者側の発言を指摘しました。

「本年4月、NEXCO東日本（東日本高速道路株式会社）の広瀬社長は、2020年までの外環道東京区間の開通が困難と表明した際、あらためて『理由は工事の難しさに尽きる』と発言しています。困難で見通しの立たない工事に自信がないことを口にし、大義名分の一つとして掲げていた東京オリンピックまでの開通を、早々とギブアップしたのです。

事業者からのこんな弱音を工事前から聞かされて、誰が自宅の真下に大穴をあけられるのをぼんやり見過ごすことができると思いますか。外環道は難工事、という話を重ねて聞く度に、私は新たな激しい怒りと、この愚かしい計画を、断じて実現などさせない、という決意を強くしています」

「事業者の言っていること、それは『あなたとあなたの家族を、我々もお手上げの世界最大級の難工事に巻き込み、危険に晒します』ということにほかなりません。彼らがやろうとしていることは、自分たちの利益のために、人々の生命を危険に晒す『人体実験』そのものです。

未だ工法すら決められない、いつやれるかも見通せない、自らが世界最大級と認める難工事を、勝手に他人さまの暮らす家の真下でやろうとは、一体どの頭で考え、どの口が言っているのでしょう。正気の沙汰とは思えません」

海野さんは、工事の問題だけではなく、「完成後」のことにも言及しました。

「工事中だけの話ではありません。一度あけられた大穴は二度と元には戻せません。もしこの異常な地下トンネルが完成したら、24時間365日、未来永劫、その上に暮らす我々は、いつ起こるか分からない陥没や、地盤沈下に怯え、安心して暮らすことなどできません。そしてひとたび大きな陥没が起これば、避難することなど到底できません。瞬時に、一家全員生き埋めです。わずかの間でも安心できない自宅というものが、どれほどのダメージをそこに暮らす人々にもたらすか、想像してみてください」

「さらに、道路が開通すれば、振動や騒音も発生します。これも24時間365日、止まることはありません。自宅から遠くない換気塔からは、常時、集中的に排気ガスが放出され、近隣の大気は汚染されます。その挙句、自宅の地価下落という、資産の剥奪にも見舞われます」

実は、この「地価下落」の問題は深刻です。現実に住んでいる家を売って他に転居しようとしても、思うような価格では売れませんし、買い手は躊躇するに違いないのです。

「地価下落に関し、事業者から地権者に詳しく説明をすることはないでしょう。大部分が区分地上権設定を前提とした私の自宅の場合、土地は分筆され、登記簿は区分地上権の記載で汚されます。制限のかかった土地価格の下落幅は、事業者が提示している程度の金額では追いつかないでしょう」

と、海野さんは言います。

海野さんは、子どものことを話して陳述を終わりました。

「何から何まで、これでもかという程の横暴で出鱈目な計画です。地上に暮らしている住民の危険性や心配、迷惑や損失を全く考慮していない、こんな暴挙が許されるはずがありません。私には5歳と3歳になる子どもがいます。子どもと彼らの将来のために、今、この異常な計画を止めなければならない。そのため、提訴に踏み切りました。いつの日か『あのとき、外環道を止めてくれて本当に良かった』と、子どもたちが言ってくれる日が来ると信じています」

岡田さんたちが裁判所で訴えていた頃、外環道予定地の現場では、とんでもないことが起きていました。

大深度法は「盗掘法」　住民の声①

「大深度地下使用認可には1000人程が行政不服審査法に基づく異議申立てをした。16キロの間に大深度のボーリング調査は17か所だけ。それでも『問題なし』との結論を出した」

「予定地だったが、三鷹や武蔵野は安心だと言われていた。しかし地中拡幅部で、契約を強要された。トンネルは5階建てマンションや名古屋城がすっぽり入る。世界最大の難工事だというが、トンネルの上に住むことをイメージしてほしい」

「善福寺に70年住んでいる。高架が地下になったが、武蔵野の水の問題は全く明らかにされていない。工事は未熟で、住民の生活など全く考慮されていない。法律も不備だ」

「計画を推進した石原慎太郎は『東京には文化がない』と言ったが、私たちは地域に愛着を持っている。外環道計画は地域に対する侵略だ」

「高架から大深度地下に変更されたので、『あなたは地権者です』との通告すらない」

「強制測量と言って数十人の作業員が来た。その後は、ナシのつぶてだ」

「大深度法は人の土地の地下を無断で掘って土を持っていく。盗掘法だ。トンネルはその上に住む人や家の落とし穴だ」

「緑豊かで地下水も豊富な地域。無謀な計画を後世に残せない」「特別委員会の委員として上空から見たが、池が数珠のようにつながり、それが水源になっている地域だ。ゼネコンの利益のためにこれをつぶそうというのは許せない」

（2018年1月20日、「外環道訴訟提訴報告集会」での原告の発言）

2章

酸欠気泡が川に上がってきた！

――40メートルを上がってきた殺人気体

2018年（平成30年）6月、東名・東京インターチェンジに近い、野川べりの道を散歩していた近所の住民Aさんは、奇妙なものを見つけました。川の中からぼこぼこと泡が激しく吹き出しているのです。何だろう？　ちょうど外環道が下を通ることになっている辺りでです。

Aさんは早速仲間に知らせ、「工事に関係しているとしたら問題だ」と話し合っているとき、「あ、それなら事業者のホームページに載っているよ」と知らせてくれた仲間がいました。

確かに、「東京外環プロジェクト」の5月18日のホームページに、次のような記述と写真があったのです。「東京外環プロジェクト」は、国とNEXCO東日本、NEXCO中日本の3事業者が、住民対策として作ったホームページです。

「シールド工法は安全」との説明にもかかわらず
地下のシールドマシンの先端から地上に漏れてきた酸欠気泡

「気泡」の成り立ち、隠蔽、ごまかし…

「平成30年5月中旬より、東名JCT（ジャンクション。以下、JCTはジャンクションの略）周辺の野川の水面において気泡が見られております。これは、地下のトンネル工事の掘削箇所から、シールド工事で用いる空気のごく一部が地中から地上に漏出しているものです。引き続き、圧力を調整するなどして漏出抑制に努めるとともに、発生状況についてモニタリングしていきます。トンネル工事は正常に進んでおり、地域の皆さまにご迷惑をおかけするような影響はないと考えております。引き続き安全を最優先に工事を進めてまいります」

ちょうど、延長国会の終了間際。「問題を大きくさえしなかったら、大事にはならない」と事業者側は考えたのか、機会を捉えて質問する住民には、「調査中」と答えて頬被りしようとしました。しかし、地下40メートル以深の場所で、機械が動き、その機械の辺りから、地上まで、空気が上がって来ている、ということは、「大深度地下は地上とは全く関わりがない」と主張していた事業者側の言い分が、まさに「机上の空論」で、地上に影響が出てくることが事実で証明されてしまった、ということでした。

最初から問題になっているとおり、事業者は、地権者に対して「あなたの土地の地下を掘ります。ご了承ください」という説明もせず、了解も得ないまま、工事を進めています。この根拠にされているのが、大深度法ですが、所有権者の了解がないままでも問題はない、としたのは、まさにこの「地上とは関わりがない」という「理屈」でした。

外環道訴訟の代理人、武内更一弁護士は、

「憲法では所有権を補償なしに制限することは認められていない。大深度法が地権者の承諾がないまま地下を掘ることを認めているのは、地表には全く影響がないということを前提にしているからだ。大深度地下の工事で、地表に空気や水が出てきたのは、この大前提が崩れたことを意味している。地権者の承諾もなしに、住宅の地下を掘り進める憲法違反が許されてはならない」

と説明しました。

事業者側は6月27日現在の気泡発生場所近くの水質調査結果を発表し、「環境基準は満足している」としましたが、住民たちにしてみれば、この気泡がマシン先端部で使っているシェービングクリームのような白い泡と同じものなのか、それとも何か別のものなのか、あるいはこの気泡の酸素含有量はどの程度なのか、が気がかりでした。

地下の土壌には、その部分に空気が触れると酸素が奪われてしまう鉄分などを含む地層があります。事業者側は「気泡の酸素濃度は低い」と認めていますが、「水中の溶存酸素量は高い」と言い逃れし、そのデータは公開しないままでした。

住民たちは監視を毎日続け、事業者に問い合わせ、国会や地方自治体の議員にもはたらきかけました。国会議員も視察に来るまでになりました。住民団体は工事中止を申し入れました。事業者は「調査中」と言ってごまかしました。マシンは「段取り替えのため」と言って止めましたが、何とか問題を隠し、安全だと宣言して工事を進めなければなりません。「この際、区議会議員に説明をして、それを機会に動かそう…」――それが事業者側の戦略だったのでしょうか。

8月10日、世田谷区の道路交通政策外環調整担当から、同区の区議会議員を対象に、「工事状況を見学していただきたく」「現場見学を実施」する、という案内文が届きました。説明会は8月30日と9月6日です。

気泡のことも、マシンの停止も、一切伏せたままの案内でした。8月30日、12人の区議が参加しましたが、見学の中で、住民と一緒に問題に取り組んでいた区議が質問すると、「今朝から工事を再開した」という話です。「地元にビラをまいた」と説明し、「起泡剤の材質を変え、圧力を調整しながら、掘り進める」と話したとのことでした。

しかし、住民団体が求めた申し入れへの回答は全くないままの対応です。住民に対してはきちんと対応しない、この事業の性格を物語っているとしか言えないような状況でした。

これを知った住民たちは、早速、9月6日には、区議の見学に合わせて、「住民説明会がないのに、マシン再稼働するな!」と抗議しました。「外環ネット」の住民たちは10月4日、「地方自治体にも連絡せず、住民団体の申し入れに回答しないままの再稼働」に強く抗議する文書を石井啓一国交相宛に送りました。

世田谷区議会議員を対象にした「工事状況の見学と説明会」（2018年9月6日）

区議の見学・説明会現場で、「住民にきちんと説明しろ」と住民は抗議

酸欠の恐怖

川面の気泡について、住民の間では次々と心配が出てきました。その最大の問題は「酸欠」です。川面に現れた気泡には危険なガスは含まれていないのか、酸素の濃度はどうか、それが問題になったのです。

住民の追及に事業者たちは8月24日、とうとう、気泡の空気の組成をインターネットで公開しました。それには、気泡の簡易測定酸素濃度は、こっそりと小さな文字で欄外に書かれていましたが、何と1・5～6・4％、住民にとっては驚きの数字でした。この数値は、厚労省のパンフによれば、人間が吸うと即死するレベルです。

私たちが生活している大気中の酸素濃度は通常約21％です。酸素濃度18％未満になると、「酸欠空気」とされ、人体がこの環境に置かれた場合には短時間で意識低下に陥り、運動機能が低下していきます。酸素が欠乏しているかどうかは臭いや色などでは全く判別できず、地下の工事現場などでよく問題になる「酸素欠乏症」はこうして起きるのです。

こんな低酸素濃度の空気が、知らないうちに自分の家の地下室などの生活圏に上がってきていたら大変なことになる、と問題になりました。

地下の工事で、酸欠空気が噴出してきて、作業していた人がバタバタと倒れ、亡くなってしまう事故が時折報道されます。私たちが通常生活している空気は、乾燥空気と湿潤空気で微妙に違いはありますが、約78％が窒素、約21％が酸素、残り約1％がアルゴンとその他の物質で構成されています。

酸欠空気が都心の地下工事で吹き出した事故は、1965年以降124件、323人の被災者のうち132人が死亡しました。労働省は1966年（昭和41年）、地下にも及んだ建設ラッシュの中で酸欠空気漏出についての事故が続発したため、予防対策要領を通達として出しましたが、1971年7月、東京都千代田区隼町の最高裁判所新築工事現場において、酸索欠乏症による2人の死亡事故が発生したことを機に、同年、「酸素欠乏症防止規則」をつくり、法制化しました。

当時の労働省は酸欠の危険がある現場では酸欠対策担当の責任者を設けるなど、事故防止の対策をつくり、現在までこれが労働者の安全を守っています。

もうひとつ、注意しなければならないのは、酸欠空気に硫化水素やメタンなど、危険なガスが身体に危険な濃度で含まれていないか、という問題です。事業者は、簡易測定の結果として、酸素濃度を公表しましたが、簡易測定では、硫化水素やメタン濃度は測定できないはずです。なぜ精密な分析を実施し、硫化水素やメタン濃度を明らかにしないのでしょうか。この地域、かつては産業廃棄物が投棄されていたところだ、という話もあります。

考えてみれば、注入されたものの回収されなかった圧縮空気が地表に出てこなければ、酸欠の空気がどんどん地中にたまってしまう危険もあります。将来、周辺の地下工事や地下室、上下水道、電気、ガスなどの工事や、地震の際にこの酸欠気泡が噴き出すことはないのだろうか、という不安です。圧縮空気を注入しない工事方法にしないと、トンネルの外の地中や地表の安全・安心はないのではないか、ということです。

しかも、ここだけの問題ではなく、そもそも工事個所について詳しい地歴調査をしていないことは問題です。

今回は、気泡が上がって来た地上の場所がたまたま河川だったため、問題が発覚しましたが、これが普通の場所だったら、何が起きたか分からないまま過ぎてしまいかねません。どんな問題が起きるか分かりません。いつの間にか酸欠になった地下室に降りていった住民が、そこでばったり倒れる危険だって考えられます。「酸素濃度が低い」と認める気泡は、野川の川面だけでなく、土中の隙間のどこから地表に上がって来ているか分からないのです。

『トンネル工事の安全・安心確保の取組み』（２０１８年７月版）という事業者が発行しているパンフでは、「安全対策を十分に実施することで、地表面の安全性が損なわれる事象は生じない」と書かれています。

気泡発生の事実を前に、住民からは「危険がないなど信じられない」と事業者側に説明を求める動きが高まりました。

そして、「外環ネット」「東京外環道訴訟を支える会」「野川べりの会」など12の住民団体は連名で7月4日、「これは地表に影響がないとして設定された大深度地下法、立体都市計画の基本条件を根底から覆す」「住宅街、特に家屋の下などで発生する可能性は否定できない」と指摘。「気泡発生装置を含むシールドトンネル工事を直ちに中止せよ」「野川に発生した気泡の終息を確認せよ」「気泡発生に至った経緯、理由、有害性の有無をデータと共に説明せよ」などを申し入れました。

併せて、起泡剤などの化学物質による地層汚染、地中の有害物質の圧縮空気による地表への移動、酸欠空気の発生、河川・土壌・飲料水を含む地下水汚染の誘発などをあげ、「空気の通り道に地下水が侵入、地層の間隙拡大や水みち発生での地盤や地表面に変化を及ぼす危険」にも言及しています。

事業者のホームページは「気泡自体の空気成分も含めて簡易測定を実施し、その酸素濃度は低いことを確認しておりますが、漏出している空気量は大気に比して微量であり、周辺環境に影響がないことを有識者に確認しております」と名前を明らかにしない「有識者」に預け、空気中に拡散してしまうから大丈夫だという主張を展開しました。

シールド工法の掘削は、土中にモグラのように穴を掘った鉄の竜がうねるように進むイメージです。深さ40メートルの地下だから、地表につながる空気の流れも、水の流れも、一切の影響はない、という前提ですべてが成り立っています。

前にも書きましたが、もともと、憲法では所有権を補償なしに制限することはできないのに、大深度法が地権者の承諾がないまま地下を掘ることを認めているのは、地表にはまったく影響がないということを前提にしているからです。大深度地下の工事で、地表に空気や水が出てきたのは、この大前提が崩れたことを意味しています。地権者の承諾もなしに、住宅の地下を掘り進める憲法違反。これが「気泡問題」の本質でした。

「説明せよ」と抗議

7月4日に住民団体が国などにした申し入れでは、「発生している気泡は大深度地下工事が原因だと、事業者が認めている。あってはならないことで、このようなことを引き起こしながら、住民や地元自治体への説明を全くせずに放置していることに、強く抗議する」として、次の点を指摘し、7月20日までの回答を求めています。

一、気泡は「東京外環プロジェクト」のホームページでは、5月18日付でその漏出が報告されているが、住民には直接知らされていない。22日付のお知らせでは「これは、地下のトンネル工事の掘削箇所から、シールド工事で用いる空気のごく一部が地中から地上に漏出しているもの。引き続き、圧力を調整するなどして漏出抑制に努め、発生状況をモニタリングしていく。トンネル工事は正常で、地域の皆さまにご迷惑をおかけするような影響はない」としている。

二、しかし、これは気泡漏出が工事の影響で、大深度地下使用認可を受けた地下の立体都市計画適用範囲外にも及んでいるという重大な事実を示す。これは地表に影響がないものとして設定された大深度地下法、および立体都市計画の基本条件を根底から覆すものであり、世田谷区内の周辺住民のみならず、広く外環道沿線住民の不安を激しく掻き立て、法令違反や環境汚染の可能性は否定できない。

三、今回は、東名ＪＣＴ付近で40ｍ以深で「気泡シールド工法」が採用され、気泡発生装置から薬剤を含む気泡が注入され、野川に到達し川面に現れたため確認できた。これは地下40ｍ以深の工事現場から地表部に至る複数の空気の道ができていることを証明している。

四、この事実が分かっていたのに、「気泡シールド工法」が採用され、外環道全区間・工区で実施されるなら、この事象は全ての沿線で発生する可能性があることになる。住宅街で特に家屋の下などでも発生する可能性は否定できず、その場合、発生の確認は極めて困難だ。

五、この事態は、工事で使用する起泡剤などの化学物質による地層汚染や圧縮空気による地中有害物質の地表部への移動、酸欠空気の発生、河川・土壌・地下水（飲料水含む）

汚染の誘発、さらには、空気の通り道に地下水が侵入し、地層中の間隙拡大や水みちを発生させ、あるいは複数の帯水層を繋げ、地下水位の変化を引き起こし、その結果、地盤変位や植生など地表面に変化を及ぼすなどの様々な危険性をもたらすことを示す。

六、また、２０１７年2月の「東京外かく環状道路（関越⇕東名）・本線トンネル東名北工事に係るシールドトンネル工事の説明会」では、採用のシールド工法が「気泡シールド工法」であることの説明は一切なく、これまで、「地表への影響はない」と言い続けてきた国土交通省および事業者の説明は、全くの誤りだった。

また、ここで申し入れたのは、次の7項目でした。

1. 気泡発生装置を含む本線シールド工事、ランプトンネル工事を直ちに中止すること。
2. 野川に発生している気泡の終息を確認すること。
3. 上記と並行し、沿線各地において気泡発生に至った経緯、理由、有害性の有無をデータとともに説明する場を設定し、実行すること。
4. 特に、気泡発生に至った経緯については、既にデータが収集されているはずである。そのデータをすべて開示し説明すること。
5. 住民が「本件事象」を理解するため、および外環道工事の実態を理解するため、説明会と合わせて、現地視察の機会を早急に設けること。

6. 説明会の場は、オープンハウスとは別途設けること。
7. 「気泡」を含む初期掘進の結果の報告（工事内容、環境影響、データ）をおこなうこと。

なお、事業者に申し入れた団体は、次のとおりです。（順不同）

外環道検討委員会、外環道検討委員会・杉並、外環中央JCT関係住民の会、外環ネット、外環予定地・住民の会、外環を考える武蔵野市民の会、市民による外環道路問題連絡会・三鷹、調布・外環沿線住民の会、東京外環道訴訟を支える会、とめよう外環の2ねりまの会、野川べりの会、元関町一丁目町会外環対策委員会

酸欠を隠す国交省

こうしたなかで、危険な酸欠ガスの問題に、事業者はその調査結果を隠し続けました。住民の問い合わせにも、「酸素濃度は調査中」の回答でしたが、何と国会議員にもこれを隠し、ウソを回答していたのです。

外環道の大深度工事現場から地上へ気泡の漏出があることを事業者が確認したのが、2018年5月15日。その後、気泡の漏出が1か月以上も続きました。住民も6月に異変に気づき、衆議院の宮本徹議員も調査に乗り出しました。宮本議員は7月に、気泡の酸素濃度につ

いての質問主意書を提出。７月24日に閣議決定された答弁書が出されましたが、そこにあったのは、「気泡の『酸素濃度の数値』については、現在、調査中である」との答えでした。

８月24日、事業者のホームページで漏出した酸素濃度の数値が１・５～６・４％という驚くべき低い数字が明らかになりました。こういう酸欠空気を吸えば、あっという間に死に至ります。地下室などの空間に溜まれば、重大事故が起きかねません。

この数値を測定した日はいつか。これを議員が問い合わせると、気泡の濃度を測定した日は、５月23日、６月18日、６月25日、６月26日とのこと。結局、気泡が酸欠の気体だったことを、住民にも国会議員にも隠していたのです。問題の重大性を隠すため、ごまかし続けていたのです。

しかも、後から分かったことですが、７月31日には外環国道事務所に代表事務局が置かれている「東京外環トンネル施工等検討委員会」が「東名ＪＣＴ周辺の野川の気泡漏出と地下水流出について」を唯一の議題とした第17回委員会を開催しているのです。事務局は委員会に気泡の酸素濃度のデータを資料提供しなかったというのでしょうか。委員会は「地中からの漏出空気は周辺環境に影響を与えるものではないと考えられる」と結論づけていましたが、そのデータもなしに、この結論はないはずです。しかも、この委員会のことを住民が知ったのは９月に入ってからのことでした。委員長もいつの間にか今田徹氏から小泉淳氏に交代していました。

一方、国交省は、住民からの情報開示の請求にも同様の対応でした。ホームページに載ったこの酸素濃度1・5〜6・4%について、「東京外環道訴訟を支える会」のメンバーは8月27日、「その元データがほしい」と情報公開請求しました。すると9月19日、国道事務所の調査設計課の専門官と称する男性から電話があり、「国交省にあるのは、ホームページの文書のみで、元データは持っていない。測定したのはNEXCO東日本かNEXCO中日本。ホームページは3者で協議して載せた。情報開示は取り下げてほしい」というものでした。しかし、すでにこの問題で専門家の会合が開かれ、検討されたとされているのです。データがないはずはありません。情報隠蔽と無責任体質をそのまま見せた対応です。住民の安全は置き去りです。

酸素欠乏症で作業員が倒れるケースは、最近でも珍しくありません。労働安全の立場からは酸欠を防ぐための特別教育や担当者の選任など安全のための規則も決められています。

住民の中には、酸素濃度が発表されないなか、危険を顧みず、自分たちで気泡を集めて分析しなければならないのか、との声も上がったのです。事業者たちは酸欠の危険を過小評価し、なかったことにしたいようですが、そんな姿勢で住民の安全は守られるのでしょうか。

世田谷区議を招いて「説明」すれば問題は解決する、と考えたら、あまりにも住民を軽く見た対応です。世田谷区議会でも、三鷹市議会でも当然質問が出されましたし、調布市議会は9月25日、「外環道路工事で野川に発生した気泡問題に関する住民説明会の開催を求める意見書」を可決しました。

「世界最大級の難工事」　住民の声②

国、都、NEXCOは、地中拡幅部の工事を「世界最大級の難工事」と記者発表した。「いったいどういうことか。国自身が認める危険な構造物が私の家の真下を通るのか！」と、驚くと同時に怒りを覚え、ぞっとした。事故があったら、「工事を始める前から難工事だと言っている。これは住民も納得している」と言うのだろうと思った。

しかし、ほとんどの住民はこれを知らない。だまし討ちだ。「人の家の真下で危険なトンネル工事をするな」と言いたい。

また、大深度の問題と同時に、地中拡幅部の規模が驚くほど大きく、そこでの工法の説明が未だにない。地中拡幅部の断面積は1000平方メートル、止水領域を含めると最大（直径）は54メートルと他の道路の2倍から4倍だ。トンネル工事では事故が多発しており、博多の事故では、作業員が異変に気づいてから15分で真上の道路が15メートルも陥没した。中央環状品川線の工事でも、路面陥没や地下水の出水が続いている。博多の事故に比べて小さいものだが、犠牲者が出ていないのは、上が道路だったからだ。

区分地上権の契約は期限の定めはなく、半永久的で、地代は無償。地盤沈下などの場合の補償も書かれていない。

（2016年11月、事業計画変更承認に対する異議申し立ての口頭意見陳述から）

3章

シールド工法には危険がいっぱい

――続発する地下のトンネル事故

「東京外かく環状道路（関越～東名）は、地下40メートル以深の大深度地下を全面的に活用した初の道路事業であり、安全・確実に工事を実施するため、最新の知見および過去の事例を参考に、シールド工法や施工状況のモニタリングについて技術的な検討を重ねてきました」

「シールド工法は、シールドマシンと呼ばれる頑丈な円筒状の機械により、マシン前面の土砂掘削とトンネルの壁となるセグメントの組み立てを同時並行で実施します。シールドマシン内部や、セグメントで構築されたトンネル内部は、止水が前提となり、地下水の流入を防ぐ密閉された空間となっています」…。

シールド工法のメカニズム

外環道の工事を進める国土交通省とＮＥＸＣＯ東日本、ＮＥＸＣＯ中日本による「東京外環プロジェクト」が作成した『トンネル工事の安全・安心確保の取組み』（２０１８年７月版）という冊子では、こう書いて、初めての巨大工事を宣伝しています。

それによると、この機械、直径16メートルのシールドマシンの前面には、「カッターヘッド」と呼ばれる10〜15センチの歯が放射状に配置されていて、回転することで前面の土を掘って前に進みます。掘った土は、スクリューコンベアでマシンの中に取り込んで、ベルトコンベアで後方に送る仕組みになっています。

マシンが進んだ直後には、「エレクター」という装置が、円筒形を13分割して作った「セグメント」と呼ばれる鉄筋コンクリートのブロックを組み立て、トンネルの壁を造っていきます。マシンのジャッキがセグメントを押して前進し、カッターヘッドが土を削り、土は後方へ、セグメント貼り付け…と同じ作業が繰り返されます。１日に10〜20メートル程度しか進めず、「１メートルに１億円」と言われるほどの費用がかかります。

「東京外環プロジェクト」は「本線トンネル工事については、安全対策を十分に実施することで、地表面の安全性が失われる事象は生じないと考えられます」としているにもかかわらず、地表、それも川の表面に「気泡」が出てくるという問題が起きてしまったわけです。

そしてそれは、今回新たに「気泡シールド工法」が採用されたことから発生したのです。「気泡シールド工法」では、マシンが掘削する前面に、掘削する土砂をある程度柔らかくし、掘りやすくするため、マシン内の後方からシェービングクリームのような気泡が注入されます。この気泡は8～9割が圧縮空気で、1～2割は数％の「起泡剤」が含まれた水です。外環道のケースでは、「起泡剤」は界面活性剤です。

54～55ページの図をご覧ください。大深度のトンネルの前面には、数気圧の高い土圧と地下水の圧力がかかっていて、シールドマシンの前面はこの圧力に対抗しています。マシン内部と隔壁で閉ざされたカッターヘッドの後ろの土砂室がチャンバです。取り込まれた掘削土砂の入るチャンバにもシェービングクリームは注入され、後ろからジャッキの力で高い圧力で支えていて、トンネル前面の地山が崩れようとする土圧とトンネル内に入ろうとする地下水の力に対抗しています。そのような高圧に向かって、気泡はマシンの前面から押し出されます。

この気泡シールド工法について、シールド工法技術協会のホームページは、①掘削土の流動性を高める、②切羽圧の変動を少なくする、③掘削土の止水性を高める、④付着防止に有効、⑤残土処理、処分が容易、⑥作業環境が向上する、⑦設備が小規模――などの利点を紹介しています。実際には、掘削する場所の土壌の状況によって、この「起泡剤」の成分や注入するときの圧力などを調整しながら進みます。

気泡シールド工法の概要図

シールドマシンはカッターヘッドが回転しながら土を削る。マシンには自動的に起泡剤を送り込む装置と、土の運び出し装置が組み込まれている。土圧・水圧に対応して気泡の流し込みを調節しながら、掘削速度は1日10〜20メートルとされている。

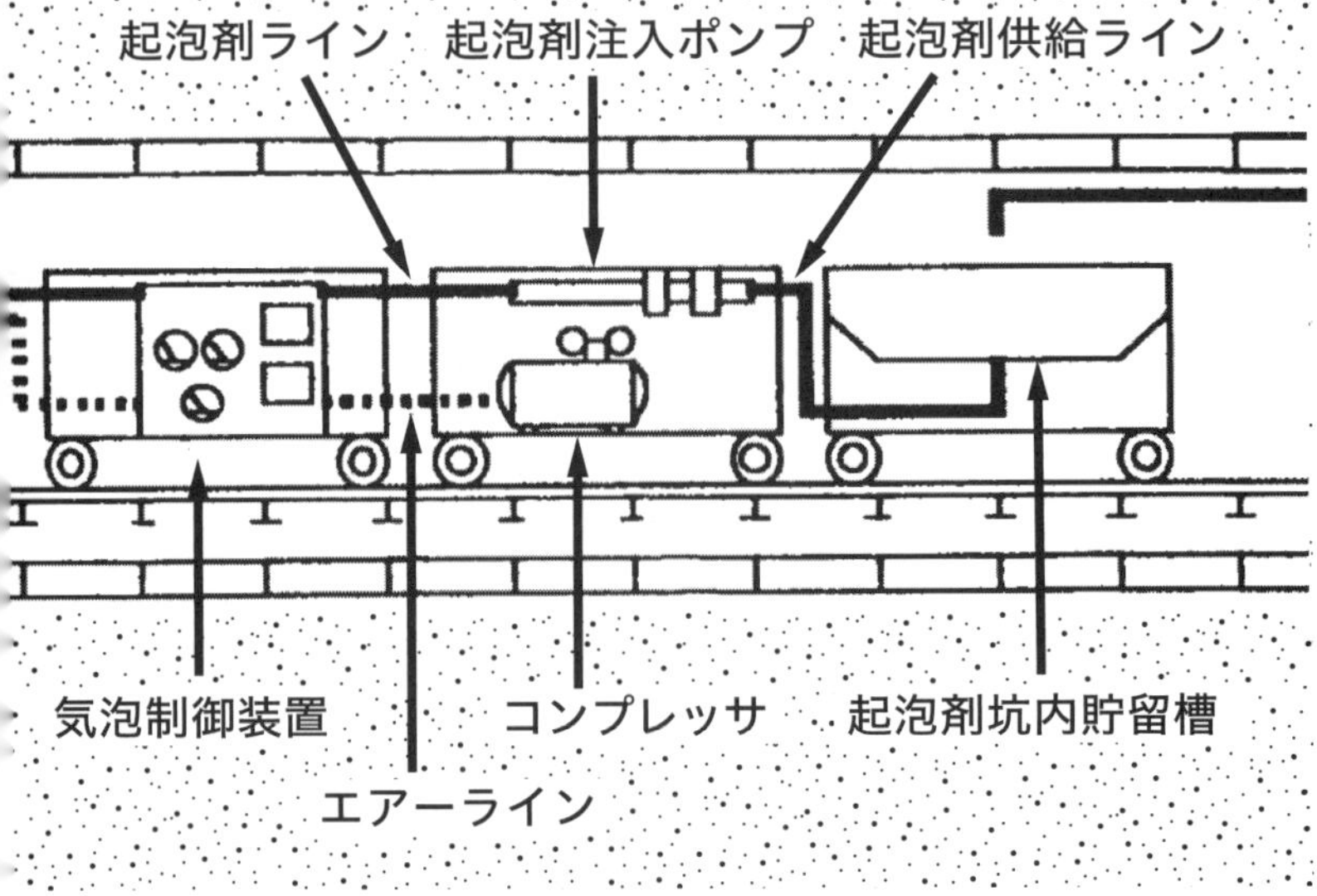

（シールド工法技術協会資料を参考に作成）

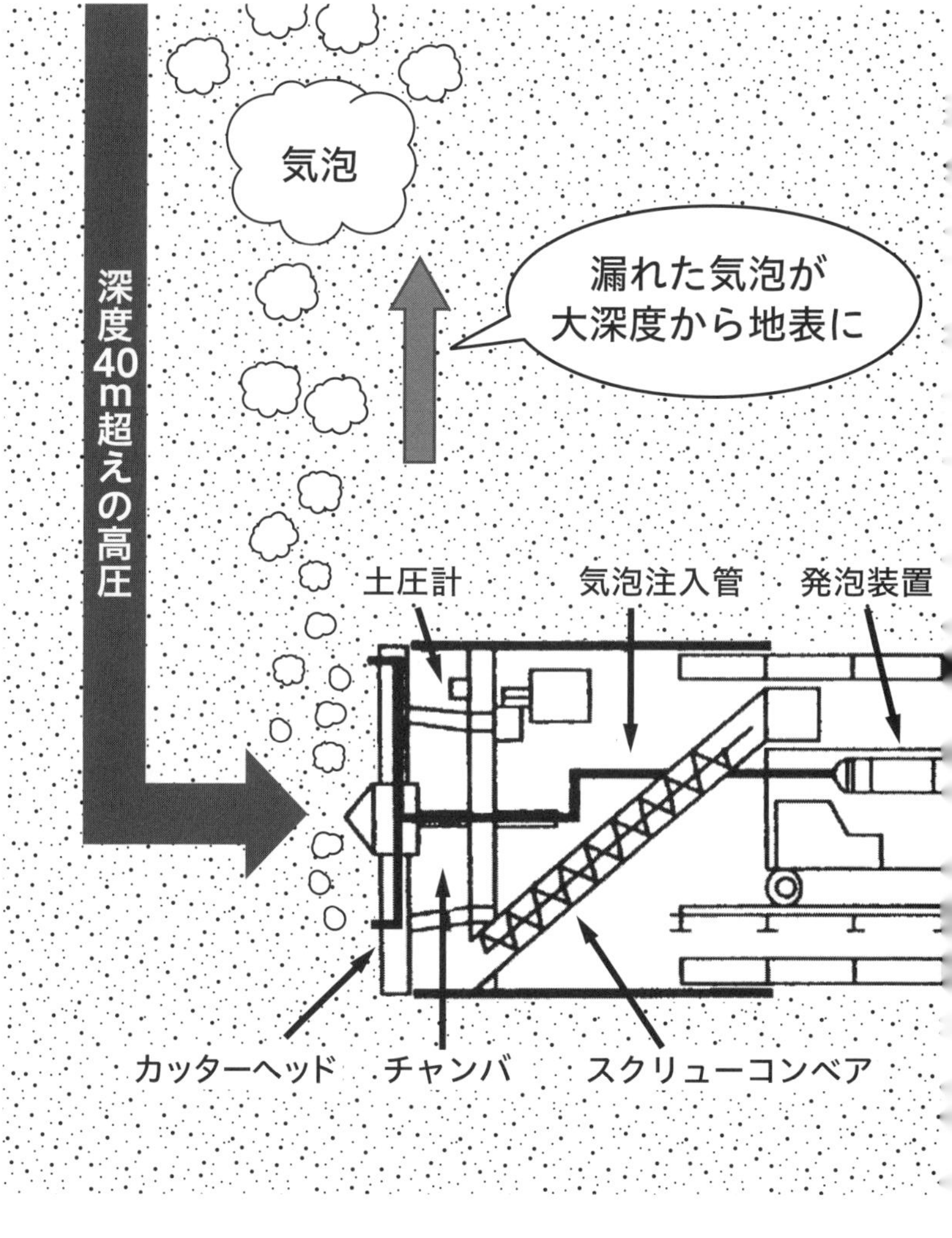
気泡
漏れた気泡が
大深度から地表に
深度40m超えの高圧
土圧計
気泡注入管
発泡装置
カッターヘッド
チャンバ
スクリューコンベア

現在、２台のシールドマシンを鹿島建設と大林組がそれぞれジョイントベンチャー（共同体）を作って動かしています。数10メートルの差で並行して進行中ですが、世田谷の東名ジャンクションの立坑で、２０１７年（平成29年）２月19日に発進式をおこなってから15か月。未だに「初期掘進」とマシンの後続設備などの組み立て作業中の段階です。

今回の気泡の問題で言えば、気泡が初めて認められた、という5月中旬から、住民もぼこぼこと気泡が激しく川面に上がるのを確認した6月中旬過ぎまで、ＮＥＸＣＯ中日本とＮＥＸＣＯ東日本の２機のマシンはほとんど動かず、同じ位置にいました。しかし、マシンが動き始めると、気泡の位置も移りました。

そして6月28日、今度は事業ヤード内を進んでいたＮＥＸＣＯ東日本のマシンの真上に地下水の流出がありました。事業者も原因がマシンであることを認めざるを得ませんでした。

もともと、「シールド工法」は、筒型の掘削機「シールドマシン」が地中をモグラのように進み、地表を切り開くことなくトンネルを作っていく工法です。現在は、マシンの先端についたカッターヘッドが回転しながら掘っていくのですが、昔はこの最先端は開いていて、そこに作業員が入って、ドリルなど手作業で掘っていたのだそうです。歴史的には１８２５年に英国のテムズ川のトンネル掘削に使われたのが最初だとされています。日本でも、１９３６年の関門海底トンネルでの本格的な掘削以来、いろいろなトンネルで使われています。

鉄道や道路のトンネルの掘削は、炭鉱、鉱山などのように岩盤を掘るのとは違います。普通の地盤には大量に水分を含んだ帯水層もあれば、崩れやすい泥や砂礫層もあります。そのため、地下水の湧出を抑え、崩れるのを防ぐため、掘削面側何メートルかを区切ってトンネル内部の気圧を上げ、薬液を注入する工法が採られてきました。

いまのシールドマシンは、マシン内外の圧力バランスと、カッターヘッドが掘削する前面の土壌に水や薬剤を注入する作業を自動でおこなっています、今回は起泡剤を注入する新方式の気泡シールド工法が取り入れられました。

大深度を掘る問題点

大深度でシールドマシンが動いているときに地上に影響が出てしまったわけですから、再発防止を併せ、地上には影響がない、とした大深度の根本的な問題が露呈してしまったのです。しかし、ここで併せて指摘しなければならないのは、この「大深度地下の利用」という新しい技術が、いろいろな経験を積み重ねてはいるものの、どうやら手探り状態のような、技術的には未熟な部分が残っているのではないか、ということです。

明らかになっていることで言えば、土中を掘るには、土と水の圧力に対抗して高圧で掘削を進めなければなりません。地下の圧力は土や水の重さで深いほど高いので、40～60メートルの

どんな異変・影響がでるの？
東名JCT工事現場の地下水流出は危険な予兆

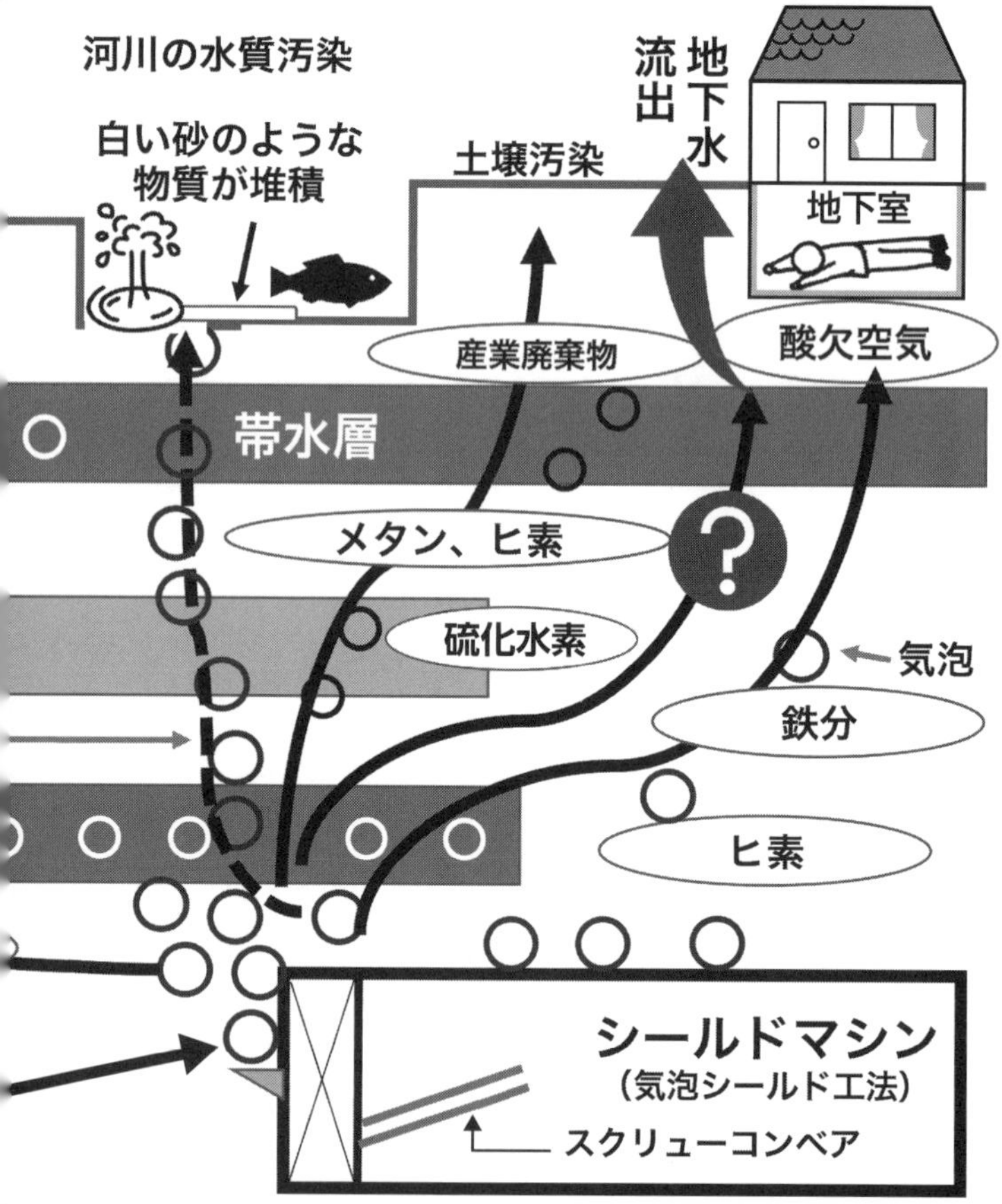

（東京外環道訴訟を支える会作成）

シールド工法で
野川の気泡、

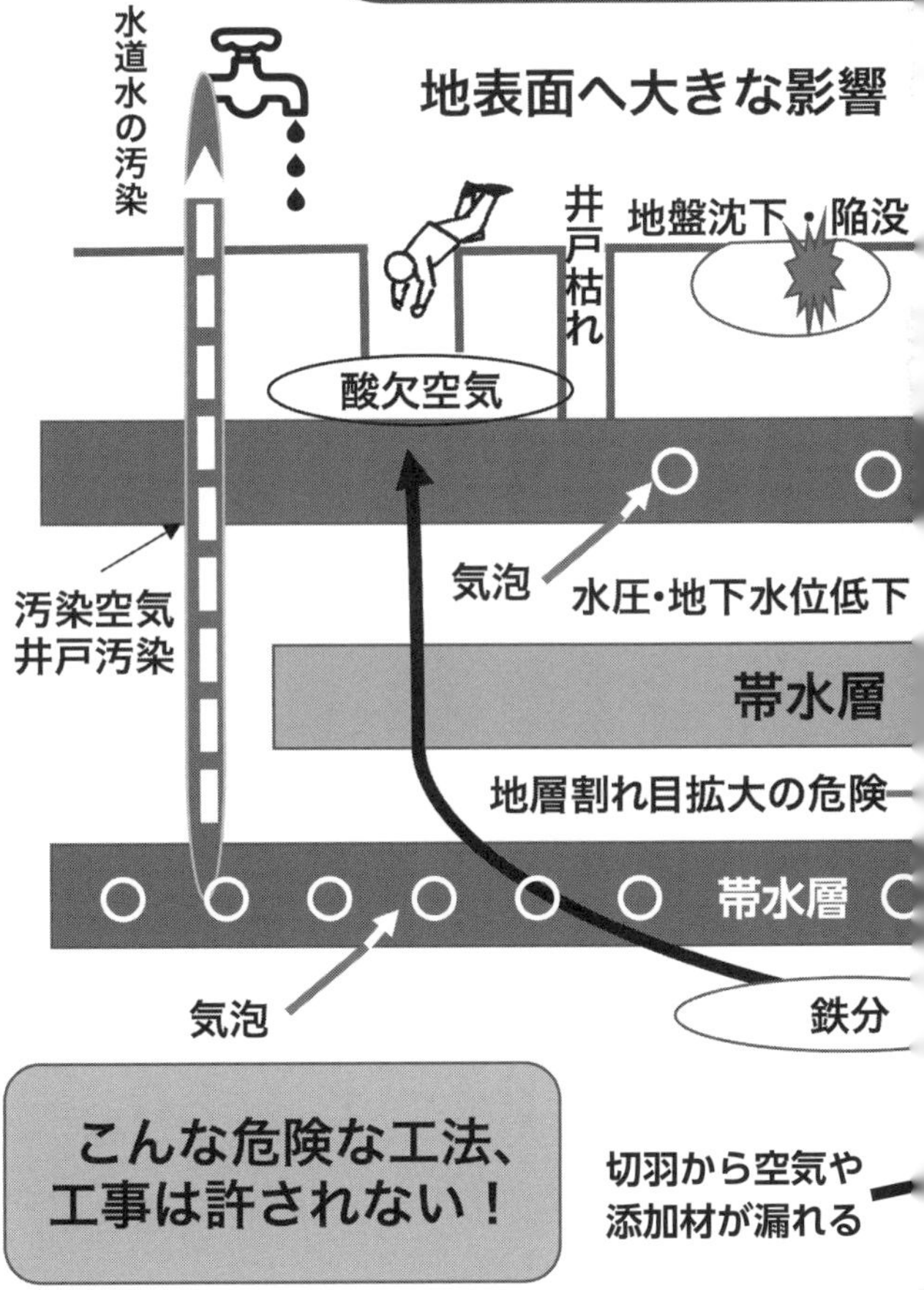

深さでは、4気圧から6気圧の圧力が必要だと考えられます。ここで掘られた土はベルトコンベアで運び出されますが、その土に有害物質を含んでいるか、ということについてどのように対応しているかは分かりません。

土の中のことは掘ってみなければ分からない、と専門家が言うほどですから、住民が住んでいる住宅街の下を通るトンネル建設では、とりわけ綿密な調査が必要なはずです。最も重要だと言われているのはボーリング調査です。

地下水を中心にした地下の状況を調べるため、深さを変えて、全体の面積の中で、細かくボーリング調査をしなければならないのに、今回の東京外環道では、大深度地下のボーリング調査は、アセスメントの段階で、計画の16キロに対し17本しか調べていませんでした。後に40本くらい追加されましたが、これも住宅の建っている場所は掘削調査ができないため、調査に必要な間隔や位置での調査ができていないなど、非常にずさんな、形式的な調査だったことが疑われています。

ちなみに、建設省（当時）の「薬液注入工法による建設工事の施工に関する通達および暫定指針」では「原則として、施工面積1000平方メートルにつき1個所、各個所間の距離100メートルを超えない範囲でボーリングを行うこと」となっています。

また、大深度地下の利用については、閣議決定された基本方針の中に、「安全の確保、環境の保全その他大深度地下の公共的使用に際し配慮すべき事項」として、「大深度地下利用に関する安全対策、環境に与える影響等については、十分な知見が蓄積されているとはいえない」「大深度地下の特殊性に応じた安全対策の確立、環境影響評価手法の開発」が必要だ、と指摘しています。この原点と、それに沿った住民への説明が求められているわけですが、そうした努力は、感じられないのが実態です。

多発する地下トンネル工事事故

地下のトンネルについて言えば、巨大なマシンを前進させていく工事の難しさや、地上へ向かう接続部分の困難さなどがあげられるだけでなく、トンネルそのものが陥没を招いたり、完成後の管理での問題など、まだ未成熟で検討しなければならない問題が多く残されています。

●水島の海底トンネル事故

２０１２年２月７日、岡山県倉敷市の水島コンビナートのＪＸ日鉱日石エネルギー（現・ＪＸＴＧエネルギー）の水島精油所の海底トンネルで、パイプライン用の海底トンネルをシールド工法で施工中、壊れるはずがないと信じられていたトンネルの壁が崩壊し、トンネル内へ海水が流れ込んで水没し、作業中の５人が死亡した事故です。シールド工事の安全神話を崩壊させたと言われています。

厚労省は「シールドトンネルの施工に係る安全対策検討委員会」、国交省は「シールドトンネル施工技術安全向上協議会」がそれぞれ報告書をまとめましたが、いずれも責任の所在はあいまいなままです。

施工した鹿島建設の海底シールド工事事務所長らが業務上過失致死傷で送検されましたが、岡山地検は「事故原因を特定できなかった」として不起訴にしました。

●横浜環状北線でのシールドマシン事故

2011年12月、横浜市港北区大豆戸町の地下鉄計画路線と首都高速道路の横浜環状北線が交差する地点の地下30メートルで、シールドマシンが柔らかい地層を高さ3メートル、距離20メートル以上にわたって掻き出してしまったため、地中に空洞ないしスカスカ状態が発生。修復作業をおこないました。地上から同体積のセメントミルク、あるいはセメントベントナイトを充填しましたが、工事は空洞がなかなか埋まらなかったため、20日間もかかったようです。「たまたま上に何もない道路直下だったが、住宅の真下だった場合は、陥没や沈下事故が起きたかもしれない。対応のしようのないことが問題だ」と近隣の住民は憤っていました。

●中央環状品川線南品川換気所避難路接続工事の事故

2012年8月、目黒川直下約50メートルの大深度地下で、凍結工法による膨張圧でひずみ計の数値が急上昇、応力が許容限度を超え、シールドトンネル自体がつぶされてしまう、損壊すると危険という緊急事態が発生しました。担当者は掘削で切り広げていた部分を補強し、トンネル中央に鋼材を入れるなどの緊急措置をとりました。しかし、東京都の環境影響評価審議会では、この事故の検証が単なる出水事故としてしか扱われず事実が曲げられたままです。

●米シアトルの高速道路地下トンネルでのマシンの破損事故

２０１３年12月、老朽化した高架の高速道路の代替として直径17・45メートルという世界最大のシールドマシンで全長2・8キロメートルの地下トンネルを掘削中、古井戸の鉄製ケーシングの存在に気付かず、シールド機のカッターに食い込んで、カッターヘッドを損傷、工事を停止。修理のために新たな立坑を掘って、シールドマシンの頭部を引き上げる対応をし、工事再開までに2年3か月、工事開始から完了までには3年9か月を要しました。

これらは、シールド工法による事故ですが、シールド工法とは違う「ナトム工法」という工法でおこなわれたトンネルでも問題が起きたケースがあります。削岩機でトンネルを掘り進めながら壁にコンクリートを吹き付ける工法です。シールド工法が壁にセグメントを貼り付けていくのに比べ、断面の形や大きさを変えられるので、コストが安いとのことです。

東京外環道では、地中拡幅部の工事や横連絡坑の工事は、このナトム工法でおこなわれるこ

シールド工法による工事トラブル事例（WEB上で公表されているもの）

事例発生日	発生場所	概　要
1993. 2. 1	東京都江東区冬木	地下34m、坑口から1300mの位置でシールドトンネル掘進中にメタンガスによる爆発が発生し、作業員4名が死亡、1名負傷
2000. 3	横浜市域 地下鉄工事	道路の陥没。走行中の車両が落ち込む
2000. 4	名古屋市域 地下鉄工事	鉄道法面が陥没し、列車運行を阻害する
2001. 4. 10	東京都中野区	和田弥生幹線坑内出水事故。大深度地中接合での出水
2001. 5. 15	京都府八幡市 上津谷	木津川左岸の堤防法面で直径2.5mの円形状の陥没
2005. 5. 28	滋賀県愛知郡 愛知川町	国道8号愛知川町で道路陥没による車両事故。大阪ガスによる地下埋設管路工事。シールド工事占用許可条件（案）作成のきっかけになった事故
2007. 7. 16	新潟県柏崎市	新潟中越沖地震によるシールドトンネルの大規模な被災
2008. 4. 15	川崎市中原区 下新城	江川1号雨水幹線その2工事に伴う道路陥没事故。陥没の原因は地盤改良杭に生じたすき間
2009. 4. 16	高崎市藤塚町	国道18号における路面陥没。輸送用ガス管埋設工事
2010. 2. 24	川崎市中原区 下新城	江川1号雨水幹線その3工事の出水事故。最大8.5cm地盤沈下。立坑内部に大量の出水。
2011. 6. 21	岡山県備前市 木谷地先	国道2号で大阪ガスの高圧ガス導管敷設上で3.9mx4.1m、深さ2.2mの陥没。シールド機は1か月前に陥没箇所を通過
2012. 2. 07	岡山県倉敷市水島	JX日鉱日石エネルギー水島製油所の海底トンネル事故
2015. 1. 20		鹿島と元所長を労働安全衛生法違反罪で略式起訴
2015. 1. 22		鹿島の担当者ら4人を業務上過失致死傷容疑で書類送検
2016. 3. 31		同上　嫌疑不十分や容疑者死亡で不起訴
2015. 1. 18	東京都北区東十条	東京都下水道局の王子西1号幹線工事でシールド機ルート上で5mx5m、深さ3mの陥没。シールド機は3か月前に陥没箇所を通過
2017. 1. 20	大阪市中央区	本町幹線下水管渠築造工事で発進立坑の鏡切りで出水

（注目事例） 市街地での地下トンネル工事として、外環道の先行事例として国交省のQ&Aにとりあげられている路線での事故

事例発生日	発生場所	概要
2011. 12. 2	横浜市港北区大豆戸町	横浜環状北線の地下地盤事故。セメントミルクを地上から流し込む。首都高は事故とは認めず、単なるボーリング調査と説明
2012. 8. 31	東京都品川区	中央環状品川線南品川換気所避難路接続工事において、本線シールドトンネルのセグメント応力の上昇という、大深度地下工事における想定外の事象。公式には出水事故として報告されている
2012. 9. 22	東京都品川区	中央環状品川線五反田出入口工事箇所付近の山手通りに接続している道路にて、路面陥没（幅3m、長さ5m、深さ3m程度）。陥没の3時間程前に近接の品川線の工事現場で出水事故が起きているが、首都高は陥没との因果関係を認めていない
2013. 3. 26	東京都品川区	中央環状品川線五反田出入口工事付近の路面陥没（幅1m、長さ2m、深さ1m程度）
2014. 2. 10	東京都品川区	中央環状品川線五反田出入口工事現場（目黒区下目黒3丁目付近）出水、路面変状なし
2017. 10	横浜市	横浜環状北線・馬場出入口周辺の地盤沈下で「補修工事は21件」

前ページの表と上の表は2018年8月、野川べりの会作成

とになっています。

ところが、このナトム工法で起きてしまったのが、２０１６年11月の博多駅前道路の陥没事故でした。場所は博多駅前広場正面から西に延びる駅前通り。当時、福岡市営地下鉄七隈線の工事をしていました。作業員が地盤崩落の兆候に気付いて間もなく、異常出水が起き、約30分後には道路が陥没、大きな穴があきました。水道、ガス、電気、通信の管が損傷、約８００戸が停電したりしました。トンネル上部の地盤が割れて地下水や土砂が掘削中のトンネルに流れ込んだ事故でした。

新しい機械を使った大工事。危険も

多い工事は住民の不信を買うばかりです。どんな問題が起きるか分かりません。

危険回避の知恵に学べ

下水道管の老朽化で道路に陥没が起きるのは、年に３０００件を超え、社会問題として知られています。しかし、その原因は単なる老朽化ばかりではなく、地下に埋められたあらゆる管、大きなトンネルも含めて、別の原因もあることを国交省の各地方整備局が研究し発表していました。工事をしたときの埋め戻し土の緩み、管の周りにできる水みち、工事の際の土の取り込みすぎなどによってできる空洞が徐々に発達して、地表にまで至ったときに起こるのです。ですから陥没は、工事から数年後に起こるケースがあることもデータで示されています。ではどうやってその陥没を防ぐかというと、道路に地中レーダー車を走らせてあらかじめ空洞を発見し、埋めるのです。

国交省の近畿地方整備局は「シールド工事占用許可条件と解説（案）」をまとめて施工を管理し、空洞監視のために地盤条件によって経過観察期間を設けた工事を事業者に提唱しています。しかし、外環道事業者は、安全管理のためのこの条件を拒否しています。住宅街の下の地層がどうなっているか。調べることは非常に困難ですが、住宅街の地下の空洞調査の方法がないまま事業を進めていっていいのでしょうか。

住宅街の地下トンネル工事の先例である横浜北線には「横浜環状北線地盤変動監視委員会」があります。トンネル上やその周辺の地権者などに地盤変動（沈下）による家屋などの損害が出た場合、「地盤変動の事実判定や発生原因の疑義を客観的かつ公平に判定できる第三者機関」として地権者などに対する信頼性を獲得しようというものです。

この第三者機関があることで、横浜北線では工事開始の2年前から地盤調査を始め、それを公表していますが、外環道ではわずか2週間前に調査を始め、しかもその数値の公表も約束しないのです。

広島高速5号線の「安心の構築のための取り組み」は、現状からの変化量を基準値として決め、傾斜角1000分の3ラジアン（約0・17度）、沈下量25ミリメートルのどちらか一方に達した場合、希望すれば土地の買収や建物などの補償をする、という約束をしています。

ここには、リアルタイムの情報公開のほか、計測管理のダブルチェック、住民と事業者の意見交換の場の保障、住民の意見反映などの取り組みもあります。外環道では要求しても何一つ果たされていません。事業者が住民の信頼を獲得する努力をするのは、当然のことではないでしょうか。これらに引き換え、何の対策もない外環道の住民への姿勢。それはリスクをますます大きくしています。

トンネル基準法の制定を　住民の声③

建築物が耐震基準を満たさなければ建築基準法違反に問われるが、トンネルが耐震基準を満たしていなくても、それは基準や指針に反しているだけで違法性が問われない。水島海底トンネル事故（鹿島）、笹子トンネル事故（中日本高速道路）などは、原因特定に至らず、博多陥没（大成建設）も地層などの事前の予想は困難とした。事故の未然防止のためには、何十年も前から提案されているトンネル基準法をつくるべきだ。

その中では、①地下埋設物の種類、構造、規模、位置、建設年月日、地質状況などについての情報公開、②トンネル施工技術の指針、維持管理技術の指針の厳守、③地表の土地利用に影響を与えないための技術的手当の義務付け、④万が一の場合の地上の建物被害のための損害賠償責任の法定化（無過失損害賠償責任、対象も広く一定の幅で）―などを義務づけなければならない。

とりわけトンネル工事の技術の信用を失墜させた2大事故を起こした鹿島と大成が事故検証の前に、外環道本線トンネルの工事を着手するなどあり得ない。

トンネル基準法を制定してからでなければ、これまでの経緯でみられるように、トンネル事故トラブルは増加し続け、トンネルの上に住み続ける住民の安全と安心は確保できない。

（2017年1月31日、異議申し立ての口頭意見陳述から）

トンネル工事のリスク管理大丈夫？　住民の声④

日本トンネル技術協会『シールド工事格言集』（２０１２年２月）には、〈忘れるな！　君が見ている縦断図、描かれた土層はすべて想定！〉というのがある。

「地質縦断図は、ボーリング結果での土質データを基に、地質技術者が経験や知識、地歴などの情報を付加して作成している。また、ボーリング地点もシールド路線上のジャストポイントでない場合が多く、時期（季節、年代）や方法によって違うデータが出て、必ずしも実態と合致しているものではないことを十分に認識しておく必要がある」と言うのだ。〈掘進管理に活かそう地表の変化。日々確認で見逃すな！〉というのもあった。

「シールド掘進では、土被りや地盤によって、切羽圧力や掘削土量の取り込み、裏込め注入圧力等の影響を受け、地盤の隆起や沈下だけではなく泥水や加泥材の噴発などが発生するおそれがある。切羽安定管理、裏込め注入管理の適否の判断のため、シールド掘進箇所の前後の地表の変化状況を、測量以外でも日々確認することが重要である」と言う。

外環道のボーリング調査の多くは２０１０年、東日本大震災の前年だ。世田谷区の地下水位調査では地震の影響も出た。シールド掘進では加泥材の噴発もよくあることらしい。野川の気泡も、加泥材のなかま。とすれば野川の気泡は想定内だったのか？

（２０１５年1月30日、異議申し立ての口頭意見陳述に加えて）

4章

開発か生活か、対峙した60年

——前回東京オリンピック時に遡る時代遅れの構想

都心から放射線状に広がっていく道路、それを囲む環状道路網…。皇居を真ん中に描かれた路線図は、一見美しく、国づくりにふさわしいように見えました。しかし、本当にそうなのか、住民の生活にとって、それが必要なのか。その地域で直接に被害を受ける人たちに、どう説明し、本当に納得が得られるのか——。

東京外環道をめぐる60年は、こんな構図を描く、国、東京都、そして実際に計画を進める土木、建設業界を中心とした人たちと、いまの環境を守り、これ以上悪化させないで、健康な生活を守ろうとする住民とのせめぎ合い、相克の60年でした。最初は、高架で計画された道路は約10年の住民運動の結果、凍結され、その後にトンネル計画として復活。「凍結」の間も含め、その運動は終わらず、いまも続いています。

「開発」か「生活」か——。それは、私たちがいまどこにいるのか、これからどういう社会を作っていくかの問いでもあります。

戦後日本。東西対立の中、日本にも「西側」の一員として「再軍備」を求めていた米国も、「60年安保闘争」を経て、日本の「軽武装・経済成長」の方向を容認するようになりました。政府は1962年の「全総」、1969年の「新全総」、1977年の「三全総」と続く全国総合開発計画で、道路、新幹線などの整備を進めました。

特に、首都圏の高速道路網の整備は、その中心でした。関西、中部、甲信越、東北、関東近県各地から首都を目指し、あるいは首都を経由し、殺到する自動車を、東京に入る前の境界線で受けとめ、交通整理する狙いで構想されたのが、「外環道」でした。当時は、文字どおり、東京の一番外側をぐるっと回る環状道路でした。

南端は東京湾岸の羽田空港近く、多摩川河口に始まって、川沿いに北上し、二子橋あたりから内陸部に入る。あとは東名、中央、関越、東北、常磐の各自動車道の東京側起終点をつなぎ、その後、江戸川沿いに千葉県内を南下。最後はまた東京湾口に至る。総延長で85キロに及ぶ、日本で最大の環状道路づくりの構想でした。

最初にこの計画が検討されたのは、国が1960年（昭和35年）、都が1961年頃ですが、地元の住民に伝えられたのは、1966年の都市計画審議会の開催時だったと言われます。最初の計画では、1964年の東京オリンピックを一つの目標にしましたが、都心の高速道路網をスタートさせるのが精一杯で、放射線状に東京に向かう道路を環状に結ぶ道路は、環状7号線、8号線の建設が先行しました。そして、東京オリンピックが終わったあとの1966年7月、高架式の外かく環状道路の都市計画決定がおこなわれました。

計画路線が敷かれた地域は、江戸時代には水源涵養地の役割を担い、その後は東京のグリーンベルトと位置付けられた土地でした。良好な住宅地としても発展しつつありました。

「立退き3000軒」と言われるこの計画が発表されると、「環境を守れ」「閑静な住宅街に道路はいらない」「文教地区と子どもを守れ」「立退きはごめんだ」と沿線各地で反発が噴き出しました。各地の「外環反対同盟」を糾合した「外環道路反対連盟」が動き出し、反対連盟はバスを連ねて都議会、国会へ向かい、まさに陳情の嵐のようだったと言われます。地元自治体の議会も次々と反対決議し、地元が納得しない計画への批判が高まりました。

一方では、さまざまな公害反対運動も高まりました。太平洋ベルト地帯に重化学コンビナートを中心とした地域開発が進められた1955年から1965年頃には、イタイイタイ病(1955年)、水俣病(1956年)、四日市ぜんそく(1961年)、新潟水俣病(1965年)、大阪空港騒音訴訟(1969年)などが次々と問題になり、工場排水、地下水くみ上げ、煤煙規制などの規制法が相次いで制定されました。さらに、60年代後半から70年にかけては、こうした公害が全国規模に広がり、1967年には「公害対策基本法」が制定されました。

ここでは、事業者、国、地方公共団体のそれぞれの責任が明らかになりましたが、環境政策は、１９７０年代に入って、さらに大きな転換を見せました。「公害国会」では、それまでの政策を縛っていた「経済発展との調和」条項が削除され、生活環境の保全と国民の健康の保護が、公害対策の目的だと位置づけられたのです。また、大気汚染や水質汚濁に関係する健康被害について、企業の無過失賠償責任も法的に確認されました。１９７１年から環境庁も設置され、環境行政を充実強化することになりました。

それは、日本が戦後の復興から高度経済成長への歩みを進めるなかで出てきたさまざまな歪みや弊害が噴出し、これでいいのか、との疑問が広がってきたからでもありました。

反対運動で計画凍結

こうした状況の中で、外環道は計画決定されたものの、住民の反対運動はやむことなく続き、用地買収交渉が難航。道路建設は一向に進まず、計画は足踏みしました。

そこに、初の革新都知事として期待を集めた美濃部亮吉東京都知事が登場しました。美濃部都知事の主張は「都民本位の都政」「対話の都政」でした。福祉重点の政策を進めました。特に、公害防止条例や老人医療無料化などは国に先駆け、日本の地方行政の礎を築いたとも言われています。当時深刻な大気汚染を「東京に青空を！」のスローガンで、国より厳しい「公害防止条例」で解消し、都の組織に「公害局」や「公害研究所」を設置し、車の排ガス・光化学スモッグ対策でも、川の浄化でも国をリードしました。全国に広がった公害反対運動に支えられてのことでした。

こうしたなかで、外環道についても、地元の反対の声に耳を傾け、「強権」を避けました。そこで紹介されたのは、「橋の哲学」です。

「1人でも反対があれば橋は架けない」――美濃部知事が公共事業の原則として示したこのことばは、アルジェリアの独立運動に影響を与えたフランツ・ファノンという思想家のことばで、公共事業はどうあるべきか、住民の意思を尊重するというのはどういうことかを改めて考えさせたのです。ファノンは、「その代わり、人々は川を歩いて渡る自由を享受しなければならない」とも言っています。

美濃部都知事はこの「橋」を「外環道」に置き換え、「建設凍結」に向かいました。

結局、用地買収と部分的工事が進んだのは、北側の埼玉県部分についてで、常磐道と東北自動車道、関越道の3本を結ぶ30キロほどの工事が進みましたが、関越道との接続部、練馬区の大泉ジャンクション以南は、青写真状態が続きました。特に、関越道、中央自動車道、東名高速道路の3つの高速道路を結ぶ約16キロについては、全くの手つかずの状況だったのです。

発端は計画決定4年後の1970年（昭和45年）10月9日、参議院建設委員会でした。「外環は地元住民の反対が根強い。ルートを再検討すべきだ」との日本共産党議員の質問に、根本龍太郎建設大臣は、「地元との話し合いが成立するまで、大臣としての私は施行命令を出さない。私の大臣在任中にこれ以上進展することはないのではないか」と答弁し、「外環道の工事中止」が決定しました。

美濃部知事は当時、「時の流れとともに、道路に対する住民の考え方が変わってきている。行政側もその変化に対応しなくてはならない。住民が建設に反対するなら、道路を無理して作る必要はない」と言い切っていました。さらに、それだけでなく、国から都に配分される道路建設事業のための国庫補助金を返上しました。事業量が対前年比で約3割もダウンしたと言われています。これも沿線全体が一丸となった反対運動の成果と言えるでしょう。

大深度地下利用で凍結解除

美濃部都政の後、東京都の行政トップは、鈴木俊一（1979～95年）、青島幸男（95～99年）、石原慎太郎（99年～2012年）と引き継がれます。外環道の予定地付近も含めて、東京の宅地開発はどんどん広がり、外環道を建設するとすれば、用地買収だけで何兆円もの予算が必要になることが明らかになってきました。

そこで考えられたのは、交渉が難しいところは先延ばしし、やりやすいところから手がけるという方法でした。それほど必要でなくとも、用地買収の進めやすい場所でまず部分開通を目指すということでした。

当時も、外環道で一番重要なのは、東名高速の車群を処理する南西部分であると考えられ、具体的には東名、中央、関越の3幹線道を横につなげることでした。しかし、まず、重要度が2番目に高い北側部分を完成させ、その後はやりやすい順序に従って、外環道の東側部分にとりかかる。ところが、ここでも難しい松戸周辺の住宅密集地は後回しとし、埼玉県内の三郷市周辺や千葉県部分について、用地買収や建設工事を開始。そして、常磐道の三郷インターと関越道の谷原との間を結ぶ区間のうち、東京都内を通る1・1キロについては、沿線住民の説得に、場所によっては「半地下方式」とすることを含めて交渉に入りました。

この動きを察知した、各地域にできた外環反対同盟（名前は少しずつ違うのですが）と、それを束ねた外環道路反対連盟は大泉以南計画を止めるため、活発に活動し、集会や宣伝を繰り返しました。1987年（昭和62年）6月には、立教女学院講堂（杉並区）で1000人集会を開き、結束して反対していくことを決議しました。

こうした過程で、「大深度地下」を利用する構想も生まれたようです。

大深度地下については、1988年3月、当時の運輸省の委託研究「大深度地下鉄道の整備に関する調査研究」が報告され、同年5月、臨時行政改革推進審議会・土地対策検討委員会も「大深度地下の公的利用に関する制度の創設について検討を進めること」を提言すると、政府は同年6月「土地の有効・高度利用の促進の一つとして、大深度地下の公的利用に関する制度の創設について、所要の法律案を国会に提出すべく準備する」ことを閣議決定。大深度地下の利用に動き出しています。

1995年（平成7年）には議員立法による「臨時大深度地下利用調査委員会設置法」が成立し、調査が始まり、同調査会は1998年5月27日、「国、地方公共団体、事業者、国民が大深度地下の適正かつ計画的な利用と公共的利用の円滑化についての理解を深め、それぞれの立場に応じた役割を果たすことにより、その制度が活用され、国土の合理的な利用と均衡ある発展に寄与することを期待したい」「速やかに大深度地下利用に関する適正な法制度が構築されることを期待する」と答申。これを受けて、2000年5月には、憲法29条違反の疑いが強い「大深度地下の公共的使用に関する特別措置法案」が成立しました。

「外環道地下化」への布石が打たれるなかで、1999年10月6日、石原知事は練馬、武蔵野の現地を視察しました。武蔵野では土屋正忠武蔵野市長が自然の重要性を強調したのに対し、練馬では岩波三郎区長が商店街の早期建設の要望を伝えるなど複雑でしたが、吉祥寺では外環道路反対連盟の濱本勇三会長らがプラカードを掲げ、反対の要望書を手渡しました。新聞記事によると、この視察で知事が受け取った要望書は反対3通、賛成1通だったとのことです。

石原知事は2000年にも4月28日に三鷹市役所で外環道路反対連盟の住民と初めて会い、約20人の住民は「凍結解除は納得できない」「地下化するというが地上に影響はないのか」などと知事に迫りました。

扇千景国交相と石原慎太郎知事は２００１年1月16日、揃って三鷹市、武蔵野市の現地を視察しました。外環道路反対連盟のメンバーら住民は、三鷹市北野、武蔵野市吉祥寺南町の現場で、「凍結継続」などのプラカードを掲げて抗議し、要望書を提出しました。２人は、「構造などについては地元の意見を尊重するが、ルートは変更しない」などと語りました。

「扇国土交通相は10日の閣議後の9時過ぎからの記者会見で、住民の反対で建設が33年間凍結されている東京外かく環状道路（外環道）の都区内区間16キロについて、大深度地下利用法を初めて適用し、地下40メートル以上の地下にトンネル方式で建設することで（国と都が）合意したことを発表。15日に関係沿線7区市の首長と意見交換会を開き提示、住民には21日のＰＩ外環協議会で提示して意見を聞き、意見がまとまった段階で、都は都市計画の変更手続きに入りたい意向を示しました」

外環道路反対連盟が発行した２００２年（平成14年）1月20日付「外環ニュース」65号です。そこでは、扇国交相の記者会見での発言要旨が詳しく紹介されているほか、石原都知事の記者会見も掲載されています。

「外環道の大深度地下利用について、石原東京都知事は10日午後3時からの定例記者会見で、『扇大臣が決断して凍結解除した。都としても国と協力して計画の具体化を図るように努力するし地元の方にも早期完成に向けて協力を願いたい。地元とはどういう条件で折り合って成就するか、地元の方々の有利不利もあるだろうが、都全体を考えて冷静な話し合いをしたい』と述べ、インターチェンジの設置場所については、『最低限いくつかの幹線につなぐインターは不可欠と思うがここに作れ、あるいは作らないでくれとの要望もあり、その辺はこれから勘案して合理的にやりたいと思う』と述べるに止めました」

住民をどうごまかすか…

都市計画にしても、道路建設にしても、あるいは近所ではあまり歓迎されない公共施設にしても、施設の建設を第一とする事業者側に対して、地域住民は反対や要求をどう実現させていったらいいのでしょうか。

公害闘争に見られるように、住民運動が活発になると、こうした運動をいかに抑制し、あるいは取り込むか、ごまかすか。政府や企業は、地域とのコミュニケーションを深め、政府の施策をスムーズに進めるための方法を考えるようになりました。そうしたやり方に住民の間にも批判が高まりました

1973年（昭和48年）には内閣調査室が、上越新幹線反対運動、鹿島コンビナートの住民運動、福島県浪江町の原発建設反対運動などを調査、分析した「住民運動の現状とその対応に関する研究」を作成しました。日本経済調査協議会も1975年（昭和50年）に「住民運動と

消費者運動――その現代における意義と問題点」を出すなど、住民運動への「介入」ではないかと国会で厳しい議論が交わされました。

住民運動にどう対処するかは、開発を進める側には極めて重要な問題です。とある自治体職員向け研修誌は１９７６年３月号で「住民運動対応ハンドブック」を特集、「うわさ作戦」「資料山積み作戦」「奥さん電話作戦」などで、「リーダーをつぶす」〝虎の巻〟まで披露しています。

国交省のＰＩ（パブリック・インボルブメント）も、「パブリック」（一般市民・公衆）をどう「インボルブメント」する（巻き込む）かを体系化したもので、外環道事業者のホームページによると、「東京外かく環状道路」（東名高速――関越道区間）では、「高速道路の構想段階からＰＩ方式を活用し、広く意見をお聞きしながら検討」した、と説明しています。

しかし、広く意見を聴き、検討したとは、とても言える状態ではありませんでした。住民の間には、多くの疑問、不安が重く残されたまま現在に至っているのです。

２００２年（平成14年）６月に、練馬、杉並、武蔵野、三鷹、調布、狛江、世田谷の７区市の住民と区、市の担当者、そして国、東京都による外環沿線ＰＩ協議会が設置され、話し合いが始まりました。

この協議会は、道路建設の「必要性の有無については、計画ありきではなく、もう一度原点に立ち戻って計画の必要性から検討する」という申し合わせに基づきスタートしました。しかし、「構想段階」と言っても、既に路線は決まっており、練馬以北（以東）については既に建設がおこなわれ、一部は供用されている状況の中でのことでした。結局、それ以南の計画について、せいぜいそれを造るための手立てを説明する機会を作るという行政側の意図が明らかになり、「住民不在」は変わりませんでした。

そして、こうした中で国と東京都は２００３年1月、外環道の方向性について沿線自治体と意見交換しました。それを踏まえて3月14日、「外環整備は喫緊の課題で１日も早い整備が望まれるため、早く安く完成できるよう十分考慮し沿線への影響を小さくする」として、「①外環本線はシールドトンネルと３つのジャンクションを基本構造とする、②トンネル構造は三車線を収容する長距離シールドトンネル２本とし、外径は約16メートルに縮小する、③地上部への影響を小さくするため、極力、大深度地下を活用する」などと決め、発表しました。

ＰＩ協議会は「最も重要な外環道の必要性について相互の意見を交換している最中に国と都が独自に方針を決定し発表したのは、協議会で積み上げてきた相互信頼と成果を全面的に否定し、協議会の存続自体を危うくするものだ」と強く抗議。しかし、国と都は7月18日、さらに「環境アセスメントの調査を始める」と発表したため、再び紛糾。住民側委員の何人かが席をけって退出しました。住民に「参加」してもらった「住民対策」「広報作戦」は、結局、住民とのコミュニケーションをつくることができないまま、現在に至っています。

高架から大深度地下へ

成熟した住宅街を強引に立ち退かせて、道路を造る。そんな計画が難しいと考えた国や都は、外環道を地下化、それも大深度地下で建設する方向に方針転換しました。

建設省（当時）と東京都は、1997年（平成9年）9月、第1回東京外かく環状道路懇談会を開催し、環状部分の西側で、地下構造を有力案とし、具体化を図ることを確認しました。翌98年3月、地下構造案に基づく自治体間調整のため、「東京外かく環状道路とまちづくりに関する連絡会議」を設置し、本格的に動き出しました。

1999年12月には石原東京都知事が都議会定例会で地下化案を基本とする旨を表明。先に書いたように、2001年1月には扇国交相が現地視察、4月には国と都とが計画を地下構造に変更する「計画のたたき台」を公表したのです。

そして前述のように、住民対策を進めるため、2002年6月にはPI外環沿線協議会を発足させ、そこでの話し合いが始まりました。しかし、住民から見ると、この「対策」は、先に記したように形ばかりのものでした。

2003年3月には、国交省と東京都が「東京外かく環状道路（関越道――東名高速区間）に関する方針」で、地下40メートル以深の大深度地下を活用する「基本方針」を公表しました。

２００６年にはＰＩ協議が続いているなかで、都市計画変更案と環境影響評価準備書の公告・縦覧（関越道―東名高速）を実施、２００７年４月には高架で決まっていた外環道を地下化した計画変更を決めました。

２００９年４月27日、国土開発幹線自動車道建設会議（国幹会議）も計画変更を決定。地下化が具体化していったのです。

青梅街道ハーフインターチェンジの経緯

先に触れた２００３年の基本方針は、実は１月に出されたのち修正が入り、３月に再度公表したものでした。なぜそのようになったのか。「東京外環道路有識者委員会」が、工事の進捗と立退き戸数を減らすために「ジャンクションのみ、ノーインター」という答申を出していたのです。１月の方針はこれをそのまま受け、ジャンクションのみの計画となっていました。これに猛反発したのが練馬の岩波三郎区長でした。「青梅街道インターを建設しないのであれば、外環道本線建設に反対する」と国と都を「恫喝」したのです。そして３月には、「設置要望のあった青梅街道インターチェンジについては、さらに地元の意向を把握していく」としました。

これに怒ったのが元関町一丁目町会です。「隣接の杉並区は地元住民の意向を受け入れ、環境破壊になるとしてインターチェンジ反対を表明したのに、練馬区は地元住民の意向も聞かず、区長が一方的に設置表明した。練馬区側だけのハーフインターチェンジは環境を破壊するだけで誰も望まない」という主張です。ここから町会は、練馬区、東京都、国交省に反対運動を始めました。一時、町会と国、都との間でインターチェンジ設置の是非についての話し合いの機会は持たれましたが、合意を見ずに打ち切られました。このため、大深度地下使用認可、都市計画事業承認・認可を受け、インターチェンジ事業認可などの取り消しを求めて提訴に至ったのです。

道路問題を対象にした住民投票は全国初

地下化の都市計画変更が決定する直前、こうした流れを食い止めようと、三鷹市では、「外環道路『住民投票』推進連絡会」が、「三鷹のまちの未来のために、外環道路受け入れの賛否は私たち市民が住民投票で決めたい」として、地下方式への都市計画変更決定の直前の2007年1月4日からの1か月間、地方自治法に決められた住民投票条例づくりの署名運動を展開しました。集まった署名は法定数をはるかに超え、1万316筆。市に提出されましたが、3月29日、三鷹市議会は16対8で外環道住民投票条例の議案を否決しました。なお、道路問題を対象とした住民投票としては、全国で初めてとのことです。

否決はされたものの、これで外環道路問題が終わったわけではない、市民の不安や疑問は何も解決してない、「事業着手」は決まっていない、これからこそ、市民の意見反映が最も大切な時だ…。署名にこめられた一人ひとりの願いを土台に、２００７年10月に、「市民による外環道路問題連絡会・三鷹」が発足し、外環道路計画の中止を求めて十万人署名活動を継続。２０１０年４月に２万４８８６筆、２０１２年３月に１万１５７０筆、計３万６４５６筆の署名を提出しました。

２００９年（平成21年）４月、高速道路などの建設計画を審議する国幹会議で、自民、公明、民主各党の議員も賛成して、５月には事業化も決定しました。リーマンショック（２００８年９月）後の経済危機。「経済危機対策」として組まれた補正予算案に、東京外環道の整備が盛り込まれたのです。４月の国幹会議で整備計画に格上げされたのは外環道を含めて４区間でした。そして、概算事業総額１兆５１９０億円のうち、１兆２８２０億円が外環道でした。

PIってなんだ!?

先に書いたように、国、都、ＮＥＸＣＯ側の住民対策の「目玉」はＰＩでした。ＰＩ会議は国土交通省、東京都、外環沿線区市の都市整備部関係者に、各地の住民、主として１９６６年（昭和41年）当時、反対運動を展開した人々が中心でしたが、この人たちを構成員とした協議組織です。

世論の収斂あるいは、行政の政策への同意に結びつけるＰＩの手法は、一方では「何らかの妥協が可能ではないか」と考える行政が、何とか「市民参加」で進めたいという思いを反映していたとも言えるでしょう。

しかし、住民側構成員と行政側構成員とでは話し合いのベースが全く違いました。なぜ道路を造るのか、道路が必要かどうか、と「ゼロ」から考えようと参加した住民と、「外環道ありき」で議事を進める行政との溝は埋まることはありませんでした。

ＰＩ外環沿線協議会が外環沿線ＰＩ会議となり、中断すると、次に国交省がとりかかったのが沿線自治体ごとに開催した「地域課題検討会」でした。国交省は、２００８年に沿線区市ごとに住民側構成員を募集し、そのメンバーと国交省、東京都によって、外環道に関する環境、まちづくりなどの地域の課題を整理し、対応の方針をまとめるとの意図を表明しました。

ところがこれにも、新たな問題が提起されました。外環道の「地域課題検討会」を受託されていたのは、実は財団法人「計量計画研究所」という国交省の天下り団体です。何とこの当時の専務理事は元建設省の官房技術審議官。この団体は「外環の地域住民検討会」の「計画立案及び実施業務」を２００７年の単年度だけで2億２３６５万円で契約、「課題検討会」の実施については、８地域で3億３０００万円の経費を計上していた、とのことでした。

多くの地域で住民側の発言は「外環道は本当に必要なのか」「外環道トンネル掘削による川、池などの枯渇が心配だ」「大気汚染の計算式を変更せよ」「NO$_2$の最大着地点を専門病院や学校施設にするな」、あるいは東八道路より北側の検討会では、「本線が地下化したのだから外環道が高架計画時に、高架の足元に計画された幹線道路『外環の2』はいらない」など、外環道の本質にかかわる意見が噴出しました。ほぼ1年議論した各地の「地域課題検討会」の結果は、行政主導で2009年4月23日、「対応の方針」としてまとめられました。しかし、それは各地区の記録集をとりまとめただけで要望に対する回答からはほど遠い内容でした。

「行政が住民の声を無視するなら、こちらも対応しよう」

参加住民の意思が全く反映されていないまとめに怒った、各区市で活動していた市民グループが「外環ネット」を中心に連携し、同年1月、「私たちの『地域課題検討会』報告会」を武蔵野市の南町コミュニティセンターで開きました。外環道が抱える地下水をはじめとする環境問題、減少する環状8号線の交通量に見る道路の不必要性、質問しても納得いく答えが返ってこない行政の説明責任不履行、などの声が相次ぎました。外環ネットは報告会に参加した7区市の運動体として、ひとまわり大きく活動するようになりました。

しかし、国と都は2009年4月27日、外環道計画を国幹会議に付議し、基本計画から整備計画に格上げげ、事業化が決まりました。

計画地を足で確かめ、付近の住民にもアピールするために取り組まれた
「外環ウォーク」(2009年9月から12月にかけて6回実施)

外環ネットメンバーは、国幹会議会場となったホテルオークラに集結し、出席する会議メンバーに「外環道はいらない」との声を届けました。その後、会議室の隣の部屋でモニターから聞こえる議事に耳を澄ませたところ、多少の意見は出るものの議論らしい議論はなく、異論が出ても答えないまま、「整備計画への格上げ」が議決されました。これが会議か、と傍聴したメンバーはあきれかえったのです。

外環道が事業化されたのち、外環ネットが取り組んだのは「外環ウォーク」です。2009年9月から12月にかけて6回に分けて実施しました。計画が地下化されると、被害が見えにくいという欠点が大きくなっていました。運動が広がりにくくなっていたのです。このため、地下水の減少・汚染、沿線の池や川の水涸れ、換気塔からの排気ガス、ジャンクションやインターチェンジによる地域分断など、計画地を見ることで外環道の問題点をより多くの人と実感を持って共有すること、そして大勢が一緒に動くことで周辺の住民にも外環道の問題を伝えられる、それが狙いでした。

また、国会の議員会館での集会、道路関係の団体との連携、専門家を招いての講演会、学習会など、外環道の問題点の拡散と共有化に努力し続けています。

「PI方式」と「住民参加」

こうした問題について、交通社会学、都市社会学を研究している小山雄一郎玉川大学准教授は2017年3月の口頭陳述で、「結局この過程は、本来のPIの目的を骨抜きにし、形骸化しているとしか言えないのではないか」と次のように指摘しています。

① 最初の外環道計画の構想段階でのPIは、行政の二重基準、ダブルスタンダードに基づく不公正な進め方、代替案などとの比較検討の不十分、説明責任の不履行、第三者機関の役割遂行の不徹底などから透明性と公正性が十分に保障されていなかった。

② 計画段階のPIは形骸化し、単に行政の立場、考え方を沿線地域で一方的に説明するの

みの機会となってしまった。沿線住民へオープンにすべき重大な検討事項も、検討プロセスが行政、専門家、施工に関わる民間業者の内部に閉ざされてしまった。

③　その結果、住民と行政の信頼関係は悪化し、計画事業の具体化の中で、事業全体の妥当性を再確認、再評価する機会は奪われ、決定された都市計画や事業の内容の妥当性も非常に疑わしいものとなった。特に地中拡幅部の都市計画変更については、拙速な手続きを進めたために、事業の承認・認可後に重大なリスクが判明しており、その一因は明らかにPIの形骸化にあると考えられる。

小山准教授は「以上の経過を踏まえれば、外環道の事業については、今一度PIのあるべき姿に立ち返り、事業の必要性を判断する情報、データ、その収集方法などいろいろな前提を行政と沿線住民の間で共有し、外環道の必要性を改めて検討すべきだ」と結んでいます。

外環道問題が始まってまもなく、日本の社会は、私たち自身が生存し、子どもたちに命をつないでいく環境をどう守るか、どう作っていくかが大きな問題になりました。1972年に発表されたローマクラブの「成長の限界」は、「人口増加や環境汚染などの現在の傾向が続けば、100年以内に地球上の成長は限界に達する」と、改めていまの文明に対する警鐘を鳴らし、環境への関心を高めました。

1972年の国連人間環境会議（ストックホルム会議）に続く、1992年の「環境と開発に関する国連会議」（リオ・サミット）は環境問題における市民の参加を保障し、持続可能な世界を作っていくために、意思決定における市民の参加が必要なことを強調しました。特に、1998年、デンマークのオーフスで締結された「環境に関する情報へのアクセス、意思決定における市民参画、司法へのアクセス条約」（オーフス条約）は、①情報へのアクセス、②意思決定への市民参画、③司法へのアクセス―という基本原則をうたっています。

行政が、自分の政策目的のために情報を明らかにせず、隠し、「市民参加」と言って実は、市民を抱き込み、少数意見を無視して既定の政策を進める…。そんなものは、住民参加でも民主主義でもありません。

民主党政権と公共事業

「コンクリートから人へ」―このスローガンを掲げた民主党政権が誕生したのは、外環道が事業化された直後の2009年9月でした。民主党政権は自民党政権時代の事業について「見直し」を宣言し、2009年度補正予算では、外環道について計上された71億円のうち、測量、設計費の5億円を除き、用地費、補償費66億円の執行を停止しました。

しかし、民主党の政権公約には外環道の是非を決めていなかったことから、「造ることには、民主党内にも特に異論はない」とされ、ストップにはなりませんでした。前原誠司国交相は2009年10月29日の閣議後記者会見で、高速道路建設の決定権を持つ国幹会議の廃止を表明すると同時に、「決定は覆さない」と、外環道建設を容認しました。

このため政府は、2010年度予算では外環道用地費などに年間88億円を配分しましたが、建設費の負担割合にも議論があり、進みませんでした。その後、2012年度予算では、整備費を計上し、事業を進めることになりました。

民主党が外環道について、「見直し」→「中止」に踏み切れなかったのはなぜか? 民主党内での意見も分かれていましたし、他にも多くの要因があったでしょう。しかし、重要なのは、ゼネコン、鉄鋼業界、重工業界などを中心とした、財界の強力な後押しです。かつて外環道建設は日本プロジェクト産業協議会(JAPIC)という組織が建設を強力に働きかけたのですが、こうした動きは続いています。

2009年5月8日、衆院予算委で共産党の笠井亮議員は、「事業化を決めた国幹会議を推進した国交省の『大深度トンネル技術検討委員会』の資料作成を受託している財団法人『先端建設技術センター』は、国交省OBと大手ゼネコン、新日鉄、川崎重工などの現職役員が名を連ねている。施工業者選定の判断基準になる技術開発を選定する側の国交省の天下りOBと、選定される側のゼネコンが一体で進めている。こんなことが許されるか」と追及しました。

20数人の評議員には、建設OB組に加えて、新日鉄、川崎重工のほか、鹿島建設、大林組、竹中工務店、間組、小松製作所、清水建設などのゼネコン幹部、日本政策投資銀行、三井住友銀行の幹部が並び、大深度トンネル技術検討委員長を務める今田徹東京都立大学名誉教授も名を連ねていました。

同センターは1998年（平成10年）以降、毎年業務を請け負い、2006年以降2008年までの3年間で2億2850万円の「東京外かく環状道路施工技術検討業務」の委託費が支払われていました。

2012年（平成24年）4月、NEXCO東日本、NEXCO中日本に対する事業許可が出されると、同年9月、羽田雄一郎国交相、石原慎太郎知事ら約300人が出席して、東名ジャンクション予定地で着工式がおこなわれました。

羽田国交相は前年の東日本大震災の経験を踏まえ、「災害時の避難、物資輸送ルートの確保、国際競争力の強化、交通渋滞の緩和などを図るため、諸外国に比べて遅れている大都市圏の環状道路整備を積極的に進めている」と述べました。また、石原都知事は「外環道路は東京の道路ではなく、国家の道路。この道路は渋滞を解消し、東京だけでなく、日本全体の流通を改善するもの」「そのような道路がこれまで着工されていなかったのは、日本の国家の官僚に都市計画がなかったからだ」と演説しました。

この時も外環ネットと地元住民は、会場となった東名ジャンクション工事ヤードを取り囲み、抗議行動をおこないました。そのときの「外環道予算を被災地の復興に」は重要なスローガンです。地下水、排気ガス、都市農業の問題などもアピールし、「外環道の必要性は失われた」と訴えました。その模様は夕方のテレビニュースで報道されました。

道路が高架方式で計画されていたとき、立ち退きの対象になる住居は約３０００戸と言われていました。地下方式に変わっても、トンネル用地の地上部にあたる住宅数は同じか、それ以上になりますが、地下方式になったことで、住民の運動に戸惑いが出たことも事実です。

しかも、大深度地下になったことをいいことに、事業者側は地権者に通知もせず、また、地上と結ぶジャンクション部分の地権者や、それに接続する部分の区分地上権者などへの説明もずさんなままでした。

道路予定地の環境破壊と権利侵害が進行

住民が危惧した、巨大な外環道事業の、特に地下トンネル工事による環境破壊や人権侵害が現実のものとして現れてきました。

２００９年（平成21年）の事業化の後、地上部（ジャンクションやインターチェンジ予定地とその周辺）の環境破壊が始まりました。騒音、振動、土壌汚染などなどです。

また、２０１４年の大深度地下使用認可と都市計画事業承認・認可の直後に開催された都市計画法66条に基づく説明会で、65条建築制限、67条先買権が大深度地域にもかかることが知らされ、財産権の侵害が明らかになりました。万一の場合に備えて家屋調査を予定地とその左右約45メートルの地域におこなうことも知らされ、地盤沈下や陥没の危険がゼロでないことが明らかになりました。

さらに、２０１６年11月の博多駅前道路の陥没事故や２０１７年に明らかになった横浜環状北線馬場出入口付近の住宅街の地盤沈下による被害は、他人事でないことを教えてくれ、異常発生後15分で逃げられるような実効性のある住民の避難計画策定の要求になりました。

そして、気泡シールド工法が始まると致死レベルの酸欠空気の噴出です。

しかし、事業者である国やＮＥＸＣＯ２社から十分な説明はありません。

「外環の2」――地下化したのに上にも造る

外環道が地下化した時点から抱えていた問題が顕在化したのは２００８年のことです。外環道が高架で計画されていた時代、その高架下を有効活用するために考えられた「外環の２」と言われる計画です。練馬区の目白通りから三鷹市の東八道路までの約９キロ、地上部にも道路を造る計画です。

しかし、この計画は建設大臣の凍結宣言で70年代に凍結、90年代に入って外環道建設の計画が復活してからも、問題は地下であり、以前の計画は反故になったと関係住民は全員考えていました。２００６年４月、東京都議会の定例会見で石原知事は「地下工法でやるので、地上に暮らす皆さんは安心してもらいたい」と発言していたほどでした。

ところが、国と都は、以前の都市計画決定を放置していたことをいいことに、「外環の２」の計画を復活させ、事業化を始めたのです。

「話が違う」――計画凍結から地下化に計画を変えて強行する国と都に対して、「今までの話と違う」と裁判が起こされました。「外環の２・武蔵野訴訟」と「外環の２・練馬訴訟」です。立ち退きなどの影響を小さくするために本線は地下化されたはずなのに、地上にも造るというのは大きな矛盾です。

最初に起こされたのは武蔵野訴訟です。この経緯を踏まえ、予定地に住んでいた上田誠吉弁護士が２００８年10月、都を相手に都市計画決定の無効確認を求めて東京地裁に提訴しました。しかし、東京地裁は２０１５年11月、「都市計画決定は行政処分にあたらない」などとして原告の住民の訴えを退け、２０１６年４月の東京高裁、２０１７年１月の最高裁でも敗訴し、裁判は終結しました。

「外環の２・練馬訴訟」は、２０１２年に都が一方的に練馬区の１キロだけの事業認可申請をし、同年７月に国はこれを認可したため、住民が２０１３年３月、事業認可取消訴訟を起こしました。東京地裁は２０１７年３月、行政の裁量権を認めて請求を棄却しました。原告は直ちに控訴しましたが、東京高裁は今年２０１８年２月、住民の主張について事実認定はしながらも、行政裁量権を大きく認める判決を出しました。住民たちは直ちに上告。審理は最高裁に移っています。

青梅街道インター訴訟

青梅街道IC（予定地）

「外環の２」裁判のことを記しましたが、「外環の２・練馬訴訟」とともにいまも闘われているのが、青梅街道インターチェンジの訴訟です。外環道と青梅街道の接続は、練馬区長の強い要請によるものでしたが、杉並区が反対を表明したため、杉並は予定地から外されました。

これに対し、練馬区は外環道とインターチェンジの建設を求め、国は

練馬区の地権者10人が青梅街道インターチェンジ認可取り消しを求めて
東京地裁に提訴（2014年9月18日）

２０１４年に都市計画事業を承認しました。インターチェンジが造られると、約１００世帯の住宅が奪われてしまいます。このため、練馬区の地権者ら10人は認可取り消しを求めて東京地裁に提訴しました。青梅街道インターチェンジ予定地の住民は、インターチェンジができれば立ち退きを迫られ、町会の分断、環境悪化、騒音、振動、排ガスなどの問題も多発します。都市計画事業承認・認可から6か月以内の２０１４年9月に「青梅街道ＩＣ取消訴訟」を提訴し、２０１８年10月現在、東京地裁で係争中です。

２０１７年12月に始まった「東京外環道訴訟」は、こうした流れを引き継ぎ、全線について、特に大深度地下の違憲を提起して争う裁判です。

これらの裁判を通じて表れているのは、裁判所の行政追随の姿勢そのものです。都市計画決定でも、建設事業の承認決定でも、行政は都合良く決め、都合良く修正し、変更します。振り回されるのは地域の住民です。その結果、収用決定がされ、生活に激変がもたらされます。しかし、こうした行政のずさんさをチェックし、間違いを正すのは、裁判所のはずです。これで行政チェックができているのか。「外環の2」裁判は裁判のあり方にも大きな問題を提起しています。

住民から都市計画廃止の要求

こうしたなかで、改正された都市計画法の21条を生かして、「『外環の2』一部区間の廃止」を求める提案が杉並区善福寺さくら町会の古川英夫さんから2011年12月に都に対して出されました。これは住民のまちづくりの取り組みを都市計画に反映させるための、国の2003年からの制度を利用したもので、一定の区域、一定の所有者と土地面積を要件として受理され、都市計画審議会にかけられる仕組みを利用したものです。

古川さんはこの「外環の2」道路により町会の大半が立ち退き、消滅するという危機感を感じました。町会内部で相談し、隣接の他町会も含めて計154名の地権者に対し、都市計画提案提出の呼び掛けをし、最終的に地権者の78％が押印をもって廃止案に同意したため、提案に必要な条件、地権者数の2／3（即ち67％）を大きくクリアしました。

この提案に都は、交通量予測や代替ルートの設定を求めるなど理不尽な補正要求を何回も出し続けて受理を渋ったため、その対応に不満を持った古川さんは2年半後の2014年4月に都知事宛てに内容証明郵便で書類を提出し、12月にようやく正式に受理されました。ところがその2か月後の2015年2月に都は「計画変更の必要無し」と回答、同年5月の都市計画審議会で報告されたもののこの提案は成立しませんでした。

しかし、住民が結束して地権者の8割が「この道路は不要」と同意印を押し、提案を突き付けた経験は、「住民参加」を超えて「住民自治」のあり方に新しい可能性を開くものでした。

「東京外環道訴訟」ついに提訴

「のれんに腕押し」の国、都に対し、住民はどうやってその意思を伝えるのか？　住民たちの議論で始まったのが、国や都の決定に対する異議申し立てでした。

2013年夏から地下区域の事業化に向けた説明会が開かれ、11月には、大深度地下使用申請と立体都市計画による都市計画事業申請が出され、公聴会では22人のうち16人が反対意見を

2017年12月18日、13人の原告が東京地裁に提訴（東京外環道訴訟）

述べました。しかし、２０１４年３月28日、国は大深度地下使用の認可と、国の都市計画事業の承認、都知事は都市計画事業を認可しました。

一方、住民たちは行政不服審査法に基づく異議申し立ての運動に取り組みました。大深度地下使用認可に対する異議申し立てはリニア新幹線反対住民も含め１０００件を超え、都市計画事業承認と認可への異議申し立ては、１２０件から２００件に及びました。

「文書を出すだけでなく、直接口頭で陳述したい」と口頭意見陳述を国交省に認めさせ、口頭陳述が運動の中心になりました。

２０１４年12月、大深度地下についての３人の住民の口頭意見陳述を皮切りに、２０１６年１月からは都市計画事業の承認についての口頭意見陳述も始めました。また、２０１５年３月に都市計画決定、６月26日に事業承認・認可された地中拡幅部の都市計画事業変更の承認と認可については、８月24日、異議申し立てを一斉に提出、国交大臣に２９２通、都知事に２８１通の文書を提出しました。

異議申し立てで、住民たちは、住民を顧みない国と都のやり方に口々に抗議し、再考を求めました。

大深度地下使用認可に対する異議申し立てに対し、国は２０１７年７月11日に一斉に却下、棄却の決定を下しました。その内容について納得できる説明はありません。「やっぱり、裁判に訴えよう」――12月18日、13人の原告が代表となって、東京地裁に提訴しました。「東京外環道訴訟」は、青梅街道インター取消訴訟の運動と連携し、全線について、特に大深度法の違憲を提起して争う裁判です。

「世界最大級の難工事」は住民には「世界最大級の恐怖」

２０１４年（平成26年）３月28日の都市計画事業承認・認可の直後の６月に、国は地中拡幅部の構造をナトム工法による馬蹄型から、薬液注入や凍結工法で固めた地層を構造材で囲み、その中を直接掘削する工法で、工事領域最大54メートルの巨大な真円にする都市計画変更を表明しました。そして、翌２０１５年３月に都市計画変更を決定し、６月26日事業承認・認可をおこないました。

住民はこの事業承認・認可に異議を申し立て、訴訟の対象にしました。地中拡幅部は事業者自ら「世界最大級の難工事」と言わざるを得ない工事です。大きな土圧・水圧の地下50メートルでシールドトンネルを切り開く工事です。２０２１年３月31日までの事業施行期間を変更せずに、後出しで工法の技術開発を進める無謀な変更で、住民は世界最大級の危険にさらされるのです。

工事の難しさは事業者自身が認めていることですが、22億円以上もの費用をかけて技術開発を実施したにもかかわらず、工法を決められず、入札もうまくいかないことに示されています。

政府は２０１２年のＮＥＸＣＯ東日本とＮＥＸＣＯ中日本に対する事業許可、着工式、そして２０１４年３月、大深度地下使用認可と都市計画事業を承認・認可した外環道建設に続いて、２０１４年10月17日、ＪＲ東海が申請していた東京・品川――名古屋間のリニア新幹線の工事実施計画を認可しました。

南アルプスを横切って、全長２８５・６キロのうち86％をトンネルで建設し、最高設計時速５０５キロで超電導磁気浮上式リニアモーターカー（超電導リニア）を走らせるというものです。大深度地下の問題点は外環道問題と同じです。大深度地下の問題は、首都圏、中部圏だけでな

「リニア新幹線を考える東京·神奈川連絡会」と「外環ネット」共催の院内集会
（2015年2月3日、参議院議員会館）

く、延伸が検討されている関西圏に向けてまで具体化されてきているのです。

２０１５年２月３日、「外環ネット」と「リニア新幹線を考える東京・神奈川連絡会」が共催して参議院議員会館で開かれた「外環道・リニア新幹線緊急院内集会――大深度トンネルと地下水の関係は不安だらけ」には、約80人が参加しました。

外環ネットの大塚康高世話人は、「国交省は大深度法を利用するから地上には影響がない、と説明してきたが、大深度法の認可がおりると、地上部には建築制限があると言われた。それが異議申し立ての大きなポイントだ」。リニア新幹線を考える東京・神奈川連絡会の天野捷一共同代表は、「私たちが問題にしているのは、地下水への影響、土砂の問題、地価の下落だ。リニアには社会的ニーズは全くないし、採算もとれない。計画の撤回を求めていきたい」と発言しました。

住民の反対にもかかわらず、工事は強行され、地表から1400メートルの深さを掘る「南アルプストンネル長野工区」でも2016年11月に工事が始まっています。これに対し、東京、神奈川、山梨、長野、静岡、愛知、岐阜の1都6県の住民は、2016年5月、「リニア新幹線沿線住民ネットワーク」として、約700人がリニア着工認可の取り消しを求める訴訟を提起し、争われています。

今年2018年には、JR東海から大深度地下の使用申請が出され、住民説明会も開かれました。約2000人の住民が参加した東京・世田谷の奥沢小学校で開かれた5月17日の説明会では、数多くの疑問や不安が次々と出されました。住民からは大深度地下トンネルの危険性や質問が多々出されましたが、外環道関係者からのまともな回答はありませんでした。1時間延長しましたが、会場には怒号があふれました。そして、この地域の住民も住環境を守る運動を始めました。しかし、2018年10月17日、リニア新幹線の大深度地下の使用が認可されました。

住民の不安置き去りに、巨大マシン発進

2017年（平成29年）2月19日、5年前の着工式と同じ東名ジャンクションの予定地で、

シールドマシンの発進式会場で抗議（2017年2月19日）

3年前に作業員の死傷事故を起こした立坑から発進する2つの巨大シールドマシンの発進式がおこなわれました。式場の外では、多くの住民がシールド工事による陥没などの危険と説明責任を果たさない事業者に抗議するなか、石井啓一国交相、小池百合子東京都知事、地元関係者らがボタンを押して、シールドマシンをスタートさせました。

地域住民が発進式を知ったのは、外環国道事務所のホームページに掲載された2月3日のことです。前日の2月2日に地元世田谷区立砧小学校から始まった一連の事業者主催の「本線トンネル（北行・南行）東名北工事に係るトンネル掘進工事の工事説明会」では、事業者から発進式の話は全くありませんでした。他人の土地の地下を掘るのに地権者に招待状どころか一片の通知もしない。内緒にしなければならない発進式とはどういうことでしょうか。

この2月2日から7日までに世田谷、調布、三鷹、武蔵野の4会場で計8回開かれた説明会では、前年11月に発生した博多駅前の地下鉄工事による道路陥没を受けて、多くの住民から、「外環道のトンネル工事でも陥没が起きるのではないか」との疑問が続出しました。事業者の説明は、「シールドマシンの通過中とその前後の地盤変位測定は工事のためにおこなうので、住民に公表しない」というような回答ばかり。納得できる説明はありません。

最終日7日の調布市立若葉小学校での説明会で野川べりの会は、「緊急時における外環住民の安全確保と避難体制構築の要求」書を国に手渡し、事業者は避難計画策定を約束せざるを得ませんでした。その後、住民は避難計画策定を求めて国や自治体の議員にも要請。調布市議会（3月）と武蔵野市議会（6月）では意見書が採択されました。

一方、事業者は、「トンネル工事の安全・安心確保の取組み」を住民不在の場で策定し、2018年7月に公表しましたが、住民が安心を得るには程遠い内容のものでした。

今回発進したシールドマシンは、南端の東名ジャンクション（世田谷区）から北方向に向けて掘削する2機で、NEXCO東日本が発注し、鹿島建設・前田建設工業・三井住友建設・鉄建建設・西武建設JV（共同事業体）が施工する「本線トンネル（南行）東名北工事」と、NEXCO中日本が発注し、大林組・西松建設・戸田建設・佐藤工業・銭高組JVが施工する

「本線トンネル（北行）東名北工事」のシールドマシンです。来賓の祝辞に続き、シールドマシンの命名式がおこなわれました。子どもたちから募集した名前は南行きが「みどりんぐ」、北行きが「がるるん」。ここにも住民PRの一端が見え隠れしています。

どこへ行く「車社会」

実に半世紀あまりに及ぶ、外環道をめぐる論争を考えるとき、これからの社会は本当にこの道路を必要としているのか、改めて考えてみることが必要です。

この道路が計画された当時、最大の問題は都心、特に環状8号線の交通量による慢性的な渋滞とされていました。この改善で、この外環道ができれば、東名ジャンクションと大泉ジャンクションの間は、環状8号線を経由した場合に比べ、約60分から約12分へと大幅な短縮が見込まれるということでした。その場合の環状8号線の交通量は10～20％減少すると説明され、通行車両の燃費と排出する二酸化炭素の低減も期待できるとされていました。

ところが、交通センサスによれば、環状8号線の交通量は、１９９９年から２０１５年までの間に12測定地点のうち8地点で減少し、交通量の減少はそれ以降も続いています。もともと、この環状8号線の予測は、圏央道や首都高速中央環状線が全線開通していない時点での試算で、その後、圏央道は9割、首都高速中央環状線が全線開通し、状況はすっかり変わったのです。

文明の限界から持続可能な社会へ

戦争の惨禍から立ち直った日本は、高度成長政策の中で開発の道をひた走り、一見豊かな国を作り上げました。しかし一方で、産業公害から生活公害まで、広がった公害が、私たちの健康をむしばみ、最も大切な基本的人権を侵す事態になりました。公害反対闘争が広がり、政府や産業界はさまざまな公害対策に力を注ぎました。

しかし、どうだったでしょうか。公害対策基本法の経済条項は削除され、経済発展よりも人間の健康の方が大切だ、と確認されたものの、私たちの社会は、実際にそれが実現されているとは言えません。私たちは公害対策を「隠れ蓑」にするのではなく、すべての人々が公害のない、より良い環境の下で生活し、お互いが人間らしく暮らすことのできる社会にしていかなければならないのです。

根拠のない「安全神話」に乗って増え続けた原発、「そんなに急いでどこへ行く」と言われながら拡大した新幹線網、そして、建設が続く高速道路…。もっと大きく、もっと速く、と物質的な豊かさを追求する社会が当たり前のように考えられるなかで、その矛盾は拡大していきました。特に、社会的公正を重んじた社会的市場経済より、個人の自由や市場原理を重視し、格差があっても経済が発展すれば、やがてそれは「神の見えざる手」で自然に解消されると考える「新自由主義」の傾向が強まるなかで、それは一層深まっています。

しかし、こうした状況に対する反省が始まっています。すでに書きましたが、「人口増加や環境汚染などの現在の傾向が続けば、100年以内に地球上の成長は限界に達する」との警鐘は、地球環境を守ろうとする国際社会の動きにつながり、ストックホルム会議やリオサミットは、地球温暖化を防止するために人間の活動を抑制することに踏み出す契機となったのです。

確かに、地球自体が軋み、悲鳴を上げ始めています。地球の平均気温は20世紀に入ってから約0・6度上昇し、平均海面水位は0・1〜0・2メートル上昇するなど、人間活動に起因するものであるとの分析も明らかになりました。気候変動やエネルギー問題に加え、増える人口と食物の不足、貧困格差の拡大も基本的な問題です。

こうした危機を何とか抑えて、人間らしい社会を作っていくにはどうしたらいいか。「持続可能な社会」はどう作っていけばいいのか。広く受け入れられるルールが提唱されました。①自然の中で地殻から掘り出された物質の濃度が増え続けない、②自然の中で人間が作り出した物質の濃度が増え続けない、③自然が物理的な方法で劣化しない、④人々が自らの基本的ニーズを満たそうとする行動を妨げる状況は作り出さない――「ナチュラル・ステップの4原則」です。

この4原則は、石油や石炭や天然ガスから希少鉱物に至るまで、地下資源を掘り尽くすようなことはやめ、例えばプラスチックやダイオキシン、フロン、PCBなどや原発の放射性廃棄物のように、自然から人間が創り出したゴミを増やすようなこともやめる。そして、森林も、農地も、草原も、壊され無くされてしまうようなことがないように、自然の循環の中で持続していくように守られ、しかし、自然と共生して生きる権利はあくまで守る、という考え方です。自然の法則と調和した人間社会。スウェーデンの医学者が提唱したこの原則は、いま、新しい社会システム、持続可能な社会を考える世界で、大きく広がっています。

ちょっと考えてみましょう。いまの日本では、かつての生活に比べて、物質的には豊かになり、大きな広がりを持つようにもなりました。しかし、人間どうしの親しさやつながり、そして私たちの日常は、そして心は本当に豊かになったのでしょうか。ただ忙しく、ものを考える暇もない、心のゆとりをなくし、心を病んだ人たちの犯罪も目立っています。ちょっと立ち止まって、一つひとつの問題を考え直してみる必要がありはしないか。

外環道の問題は、実は、そういうことなのではないか、と私たちは考えました。「車社会」の便利さも、大深度地下の掘削も、仮に電気自動車が自動車の大半を占めることになっても、本当にそれが必要なのか、自然を傷つけ、人と人とのつながりや潤いをなくし、思索を忘れ、人間がただ本能と感情だけに支配されてしまうような、いっそう乾いた社会を作ることにつながっているのではないか。60年にわたる「権力」と「住民」の「闘い」は、実は現代社会への問いかけです。

疑問続出の中で決まった外環道事業化　住民の声⑤

２００９年４月27日、国土開発幹線自動車道建設会議（国幹会議）が開かれた。金子一義国交大臣、金井道夫道路局長、国幹会議委員の議員、学識経験者…。仕事を休んで傍聴に行った私が驚いたのは、出席者のほとんどが会議自体について疑問を提示する中で、議決され、原案通り決まったことだった。

「会議の出席が打診されたのは１週間前にも満たなかった」「国幹会議は形骸化している」──など。内容も、費用便益比が重要な指標になっていたが、これには会計検査院の改善指示も無視され、会議で出た数値は算出根拠さえ確認できないものだった。

会議では、排ガス、騒音、地下水脈の分断、この道路でCO_2が減るのか、高齢化で車のニーズは減らないのか、など地元の声をきちんと捉えて議論すべきだ、との意見もあったが、当局は話は聞くけれど真剣に受け止めない、という姿勢だった。

それから何年も経って、事業の妥当性や合理性、指摘された問題点は解決されているのだろうか。

もう一度問いたい。外環道の事業化、事業継続はどなたが判断したのか？

（２０１５年１月、異議申し立ての口頭意見陳述から）

憤りを覚えた発進式の光景　住民の声⑥

仙川近くの調布市緑ヶ丘に50年以上住んできたが、私の家は、大深度トンネルだけでなく中央ＪＣＴのランプトンネルがクロスするところにあり、区分地上権設定の土地に当たっている。近くに立坑が予定され、換気塔の煙突も２本立つ予定で、排気ガスが心配だ。また、25メートル掘ってやっと固い地盤になる軟弱な土地で、10・5メートルのところに12メートル径のトンネルを掘られれば、博多陥没事故の二の舞になりかねない。

２０１７年２月19日、東名ＪＣＴでシールドマシンの発進式がおこなわれたが、この会場の場所では、立坑の工事中に事故が起き、１人が死亡、１人が重傷を負った。供養もせず、冥福を祈ることもなく、にこにこしながらシールドマシンのボタンを押す関係者を見て、憤りを感じた。

３月30日の衆院決算行政委で地中拡幅部の工事の談合疑惑が質問された。世界最大の難工事という地中拡幅部では、国が発注した４件は、１社が１件しか受注できない仕組み。大手ゼネコン４社が幹事社の各共同体による事実上の談合がおこなわれているのではないか、とのことだった。税金から１兆円も支出する外環道への国交大臣や国交省の姿勢を疑わざるを得ない。

（２０１７年４月20日、異議申し立ての口頭意見陳述から）

5章

隠された危険、住民の不安
――説明しない事業者、広がる不信

通告もされないまま、住宅の下に巨大な道路ができることになった住民たち。この巨大な計画は、近隣の住民たちにとっては、それぞれ複雑な要素を含んでいました。

「高架」から「地下」へ――。その転換は、反対運動に大きな試練を与えました。

地下にする、しかし、入口も出口もあります。接続路があります。住民の立場も、事業者からの「攻勢」も違っています。それぞれの場所から、さまざまな不安が広がっています。

いま、外環道を住民の立場からみると、

① 大深度地下のトンネルの上に居住し、全く知らされないまま、ただ都市計画法上の建築制限などの制約を課せられてしまう人たち。

② 大深度地下より浅いところでランプトンネルの上や地中拡幅部の上に住み、区分地上権の契約を迫られている人たち。

③ ジャンクションの建設地で立ち退きを迫られている人たち。
④ その周辺、あるいは換気塔などに関わる地域の人たち。
――と分けられてしまっています。

高架の道路建設だったら、どこに何が出来るのか、誰でも見ることができますが、大深度地下にした結果、道路トンネルは見えなくなりました。

その一方で、地下に及ぶ土地の所有権の一部を、譲り渡せと迫られ、区分地上権の契約を求められている人たち。いっそのこと、全部買い取ってほしい、という要求もあるのですが、立ち退きさえできなくなっている人も少なくありません。

巨大なトンネル。誰が考えても、そんなものの上に住みたくはありません。

この計画の大きな特徴は、言うまでもなく「大深度地下」です。しかし、外環道は、全長16キロメートルの約60％は深さ40メートルを超す大深度ですが、残り約40％は大深度ではありません。拡幅部は浅深度ですし、ジャンクションやインターチェンジは地上です。

大深度の問題から、区分地上権、そして、立ち退きまで、その被害は深刻です。しかもこうした危険に安全対策がどうなっているのか、その基準も公表されてはいません。外環道建設の被害を順次整理してみることにしましょう。

池の水が涸れる

「善福寺池の水は本当に大丈夫なのか」

外環道・東京区間への異議申し立てで、住民の不安を代表するのが、この善福寺池の水は大丈夫か、という問題です。東京・杉並区の善福寺池は2つに分かれ、面積は3万7000平方メートル。公園全体の47%を占めています。池にはカモ、カイツブリ、バンなどの水鳥やカワセミも来る江戸時代から知られた湧水池です。外環道はこの池のすぐ東側の地下を通ることになっています。

外環道が通る地域一帯は、武蔵野台地の東端部分を貫き、地下には、水量豊かな「浅層地下水」の帯水層があるほか、「深層地下水」が極めて多層にわたって存在していることが明らかになっています。

この「浅層地下水」がつくり出しているのが池です。北から、八の釜湧水、三宝寺池、石神井池、善福寺池、井の頭池などが連なり、世田谷の成城みつ池に到ります。間には白子川、石神井川、善福寺川、神田川、仙川、入間川、野川などの河川が横切り、豊富な水量を持つ多数の帯水層に乗っているのがこの地域なのです。成城みつ池は国分寺崖線に沿った都内でも有数の自然の残る場所で、夏にはホタルが舞うところ。水が枯れなくとも酸欠空気が上がってくれば、ホタルの餌になるカワニナの生息も心配です。

巨大なトンネルによって、分断される地下の水脈。その変化が、地表部分の地盤や、池沼、井戸などの水位、河川の流量の変動につながりかねない、という不安です。

なぜ住民が不安に思うのか。それは、既に、道路建設で川の水がなくなったり、滝が涸れた例があるからです。

都心から40キロから60キロの位置に計画された、延長約３００キロの圏央道の建設では、２０１１年（平成23年）５月、八王子市の高尾山の中腹の稲荷祠（ほこら）の湧水と、付近の妙音谷の沢が涸れていたことが分かり、「高尾山の自然をまもる市民の会」「国史跡八王子城とオオタカを守る会」などが抗議しました。

圏央道トンネル本坑が湧水付近を掘り進んだ２０１０年5月から8月にかけ、湧水の約１００メートル上流の国交省の観測井戸で地下水位が約20メートル低下。２０１１年2月末時点で水位が2～5メートル程度しか回復せず、トンネル内での湧水量は増加しました。この圏央道トンネル工事では、高尾山付近の下恩方地区や国史跡八王子城跡、城山八王子トンネル周辺で沢や川、井戸の水涸れが相次いでいます。

東京周辺だけではありません。関西でも、大阪府箕面市の明治の森箕面国定公園内にある箕面の滝の例があります。２００６年12月、地元の毎日放送が、「景勝地に衝撃の事実…箕面の滝は人工滝？」と、「トンネル工事で大量の水が湧き出し、周辺の川が涸れた」「滝壺に流れ落ちる大量の水は、なんとポンプで吸い上げたもの」と大問題になりました。箕面の滝の背後にある箕面グリーンロードのトンネル工事の影響で滝の水が涸れ、トンネルへの湧水を年間3000万円のポンプ代を払ってポンプで戻し、やっと滝らしく見せかけています。

実際に環境アセスで予測されているケースもあります。

東京―名古屋間で計画されているリニア新幹線の着工前アセスメントでは、静岡県の大井川の下をリニア新幹線が通ることで、毎秒2トン、1日20万トンの地下水が大井川から消滅すると報告されています。大井川と地下トンネルの距離は約300メートルあるにもかかわらずの予測でした。

こうした事例があるだけに、外環道沿線の水がある自然も同じ運命をたどりかねない。住民の不安はそこにあります。

地下水脈はどうなるのか

本書1章の古川英夫さんの訴えで紹介しましたが、地下水の流れがトンネルで断ち切られると、地盤沈下や陥没、井戸涸れの原因になっていきます。

約50メートルとされる大深度地下の状態は、詳細なボーリングを数多く重ねて調べるしか分からないのに、外環道の場合、このボーリングの数は極めてまばらで、地下の状態がよく分からないまま、作業が続けられているようです。

地下には何層かの地下水脈が流れており、大深度地下の位置は杉並区の場合、地下水層の3層目くらいになるのだそうですが、これが直径16メートルのトンネルで分断されるわけですから、その水はトンネルの外周を取り囲んで、逃げ道を失います。外周に溜まった水を排水する必要があります。

都営地下鉄大江戸線全線では毎日1万トン、圏央道の八王子城跡トンネルでは毎日400トンの水を排水しているそうです。地下鉄大江戸線の例で言えば、トンネル周辺に溜まった水を下水道に流しており、そのために毎年1億2000万円もの下水道料金を払っているのだそうです。

地下水対策が効果を上げていない例が、環8通りの井荻トンネルにあります。

井荻トンネルは、東京都杉並区内から西武新宿線をくぐり、練馬区にかけて、東京・環状8号線（東京都道311号、環8通り）に造られ、2006年全面開通しました。西武新宿線の南北で環8通りと交差している早稲田通り、新青梅街道、千川通り、旧早稲田通りなどの幹線道路との立体交差と一体化する形で建設、1997年に一部開通後、2006年（平成18年）5月28日に開通しました。

このトンネルの完成で渋滞が大幅に緩和され、その経済効果は東京都によると、時間短縮効果115億円、燃料節約効果85億円の計200億円と推測されています。しかし、流れが良くなったことで交通集中を招いて交通量も増え、徐々に渋滞が起きるようになっています。

問題はこのトンネルができた結果、地下水への影響がどうだったか、です。事業者側は地下水について「地下水流動保全工法」という工法で、トンネルの上流側に集まる水を下流側に流して地下水の流れを保全するとしていますが、調べてみると、井荻トンネルの場合、トンネルで分断された地下水位の差は、上流側と下流側で4メートル近い状況で、20年経っても、工法の効果は出ていません。

都市河川氾濫の心配はないか

2005年（平成17年）9月、調布市の東部を流れる都市河川の入間川が調布市若葉町と東つつじヶ丘周辺で溢れました。1時間で100ミリを超す猛烈な集中豪雨に、普段は深さ10センチくらいしかない入間川が溢水し、周囲に床上浸水を含む多くの被害をもたらしました。入間川の水かさが上がり、下流にかかった橋に、上流から流れてきた材木などが引っかかって堰を造り、その上から溢水したのです。川の周辺では床下浸水やガレージの浸水で車が使い物にならなくなったり。近くの武者小路実篤記念館は地下に所蔵していた資料も被害を受けました。

この地域は、東は国分寺崖線の崖、西側は多摩川、野川の東側の少し高くなった地域の間にある小さな谷間です。外環道は、中央道との接続部分から南に向かって、このあたりの大深度を通ります。その後、河川管理者の東京都が分水路建設を計画し、２０１３年に分水路が完成しました。調布市は、水位が２メートルおよび２・５メートルに達したとき、付近に知らせる警報器を設置しました。

分水路は、上流で野川に向けたバイパスを造り、水を流すようにしたため、入間川溢水の不安は減っていますが、集中豪雨の経験は地域にとっては忘れられないことです。外環道はこの入間川のちょうど真下を通ります。集中豪雨で東西から水が流れおちてきたら、また溢水が起きるのではないか、との不安は消えません。

２０１７年9月、世田谷区でも集中豪雨で仙川と野川が氾濫し、床下や地下車庫の浸水が出ています。同じような問題は、この地域以外でも起こり得ます。東京の大雨対策は短時間に50ミリ程度の雨に対応しつつありますが、現在の雨はその領域を超えています。外環道は調布から世田谷まで、国分寺崖線のすぐ西側下の古くは多摩川の氾濫原だった低地の地下を通ります。地下の外環道が東西の水脈を切るとき、その水はどこに行ってしまうのか？

２０１８年の夏は、迷走したり未曾有の強風を伴った台風や、台風と前線による「ゲリラ豪雨」、落雷、突風、竜巻などが甚大な被害をもたらしました。「温暖化」で地球そのものが変化している現在、短時間に集中的に降る雨が地下水にどう影響してくるのか、確かなことは何も分かっていないのが実態です。

そして、帯水層を切り開いて造られる外環道の影響は、本当に出ないのでしょうか。

前述したように、もともと外環道の沿線地域は古くからの湧水地で、青梅から東京湾に流れる多摩川水系の流域、扇状地の端に当たります。グリーンベルト地帯として水が豊かなところです。三鷹市内では外環道から500メートル以内に11本の水道用水源井戸、12本の震災用井戸があります。調布市も武蔵野市も水道の6割が地下水です。

東名ジャンクションの建設など、大雨のとき、いままでは地中に吸収されていた雨水がどこにあふれていくかも問題です。コンクリート化は今までは地面に吸収されていた雨水を他所へ流してしまいます。周辺河川の洪水の危険も生み出しています。

陥没、地盤沈下の危険性

2016年（平成28年）11月、福岡市博多駅前の道路が地下鉄工事により30メートル四方、深さ15メートルにわたって陥没しました。幸い死傷者はありませんでしたが、テレビで流れた映像はショックでした。切り立った穴のすぐ前はセブンイレブンのコンビニの店先ですし、道路はまるで切り取られたような感じでした。

同じようなことは起きないのか？　２０１７年2月の説明会で、住民たちは「15分間で逃げられるような実効性のある緊急時避難計画を住民とともに策定してほしい」と事業者に要求しました。事業者は、同様の陥没事故が外環道でも起こり得ることを否定しませんでしたが、実際の取り組みはないままです。事業者が自治体にヒアリングしてつくった「トンネル工事の安全・安心確保の取組み」には、土砂がトンネル内に大量に流入し始めたときを「緊急時」とし、初めて関係機関に通知する、というものでした。

２０１７年８月、横浜環状北線の馬場出入り口から約４００メートル離れた住宅地で、１５０メートル四方の範囲で最大13センチの地盤沈下が見つかりました。首都高速道路は住民に被害補償の説明会を開催しました。

この横浜北線の高速道路は、東京外環トンネル施工等検討委員会の前委員長も関わってきた道路です。「住宅地直下での都市地下高速道の標準的な形を完成させ、技術的に問題のないことを示した」ものだったはずでした。

道路ではありませんが、２０１７年9月8日には福井県あわら市の北陸新幹線工事で柿原トンネルが陥没し、地上に直径15メートル深さ8メートルの穴があいた事故もありました。

外環道予定地は、ずっと湧水の豊富な地域です。世田谷区の野川周辺は、かつて沼地だったところもあります。工事がなくても、狛江市の谷戸橋のたもとの地域の集会施設は地盤沈下で問題になりました。

不十分な換気塔設備

日本の高度成長期、１９５０年代の後半から60年代、70年代にかけて、日本の大気汚染は各地で住民の健康被害を生み出しました。四日市、千葉、西淀川、川崎などコンビナートの周辺各地でぜんそく患者が続出しました。国、自治体、企業を相手に裁判が始まり、排出規制を求めました。

大気汚染の原因は工場だけではなく、自動車の排出ガスにも問題があることが分かり、自動車の排出ガスの規制も強化されました。東京の道路網も例外ではなく、東京の環状7号線も大気汚染で問題になったのです。

自動車の排ガスは発進や加速のときが問題になります。従って外環道が計画された当時の環状8号線の渋滞は、排出ガスによる汚染をひどくするものでもありました。

外環道の建設は「環８」の渋滞＝大気汚染の解消を図る目的もありましたが、大深度地下のトンネルになることになって、こちらに汚染が移るということになります。しかも、トンネル内の空気を外気に出すため、換気塔が各地に造られることになっています。今度はその換気塔から、生暖かく汚れた空気が外気に放出されることになることが問題です。そして、ジャンクションやインターチェンジの周辺で、汚れた空気が一挙にまき散らされるでしょう。

東京都の環境アセスメント結果では、この事業が完成後の東名、中央ジャンクション、東八道路インターチェンジ周辺などの二酸化窒素（NO_2）濃度を予測しました。２０２０年と２０３０年のNO_2の濃度は現状の1・5倍から2倍になるとの予測が出されています。明らかに大気汚染は進むという予測ですが、その予測値がどうやって算出されたかは明らかにされておらず、住民の不安は高まっています。しかも、中国でも問題になったPM2・5はアセスメントの対象にされていません。

本線のトンネル内を走る車の排ガスを吐き出す換気塔は、関越道と結ぶ大泉ジャンクション（高さ30メートル）、青梅街道インターチェンジ（同20メートル）、中央道と結ぶ中央ジャンクション（三鷹市北野）（同15メートル・ここだけ2か所）、東名道と結ぶ東名ジャンクション（同30メートル）の計5か所に設置される予定です。

換気塔には電気集塵機や除じんフィルターが設置され、浮遊粒子状物質（SPM）を含む煤じんを極力除去するとされていますが、ぜん息の大きな要因とされるのにまだ除去方法が確定していない微小粒子状物質「PM2・5」についても不明です。

また、環境影響評価書では、NO_2などは環境基準を下回ると予測し、脱硝装置は取りつけないとしていますが、専門家は、予測値の計算モデルなどに問題があるとしています。それによると、東京港海底トンネル換気塔から排出される窒素酸化物（NO_x）の濃度は5～7PP

M、環境基準の上限値0・06PPMの100倍、とのことです。しかも、「外環の2」やその他連絡道路ができれば地上の交通量も増えるでしょう。練馬、三鷹をはじめ該当地域はすでに排ガス汚染が進み、小・中学生のぜん息罹患率も高くなってきています。

また、二酸化炭素（CO_2）の放出で地球温暖化も加速。「外環道は1日10万台を超える自動車が通過すると考えられ、排出されるCO_2は年間8万4000トン」との予測も出ています。

地下トンネルは、排気ガスを完全に浄化して排出すれば、むしろ、大気汚染を防ぎやすいとも言われており、首都高速中央環状線の山手トンネルでは低脱硝設備を設けてSPMやNO_2をそれぞれ80%以上、90%以上除去している、とされています。ところが外環道では、「最新の浄化設備を整える」と言ったまま、対応ははっきりせず、脱硝装置も付けないままです。新たな大気汚染が心配です。

大量の掘削土、汚染土は？

あまり大きな問題だとされておらず、見逃しがちですが、掘削土の処理も問題です。巨大なトンネルが造られるとき、掘り出した土はベルトコンベアで外部に運び出されてきます。この土には、シールドの先端に送り込まれた、掘削を容易にする薬剤が含まれています。含まれていなくても、地下40メートル以下の土は、地表の土と違いますが、無害化の処理が必要なはずです。しかし、その処理がどうなるかの説明はありません。
もともと、大深度地下については、専門家の中でも地質学的情報が明らかになっておらず、何も調べないままマシンで掘っていくというやり方は問題です。

国交省の大深度地下利用企画室発行の『平成15年度大深度地下利用における環境に関する検討調査報告書』で元国立環境研究所の陶野郁雄山形大学教授は、「大深度地下空間開発の対象というのは、地下40メートル以深の地盤はその地質学的情報が極めて不足しており、ほとんど分かっていない。地層の認定、対比に基づいて層相変化、堆積環境、地質構造、鉱物学的、化学的性質の的確な把握を図る必要がある。また地盤の変形挙動や圧密現象を推測するための地盤定数の情報もはなはだ不十分である。更に地層内には嫌気性の微生物が生息しており、環境の変化によってどのような影響を受けるかは不明である」「また、地表や表層に生息する微生物が開発に伴って地下に侵入し地下水などによって拡散する場合は検討しなければならない」と述べています。

外環道のマシンからは、気泡が地表まで届き、その空気の酸素濃度は極めて低かったことが分かりましたが、前述したようにトンネルの掘削で掘られた土は酸素をほしがっており、周辺の土壌が酸素を全部吸ってしまう、という現象が起きるのだと言います。掘り出された土が運び出されるとき、その土が周辺を汚染する、その可能性も捨てられません。先に書きましたが、その土地について過去にさかのぼって歴史を調べる地歴調査もされていません。

これも含めて、問題は大深度地下の世界で、地下水がどうなっているか、土壌の状態がどうなのか、これをきちんと調べるところから始めないと危険がいっぱいだということです。

「地下は安全」のウソ――トンネルが地震波を増幅する？

2018年夏、西日本を中心に襲った台風による集中豪雨と北に進んだ台風の影響が残っていた北海道にM6・7の地震が起き、厚真町などで土砂崩れが起き、多くの犠牲者を出しました。札幌でも土壌の液状化が発生し、全道が停電するなど、システム化した社会の脆弱さを見せつけました。

大深度地下に造られる外環道について、外環プロジェクトのホームページは阪神淡路大震災の例を引いて、シールドトンネルは「二次覆工コンクリートにひび割れが生じる程度」と報告。「一般に地震動は地下深くなれば小さい」「地上構造物は慣性により振動するのに対し、トンネルの慣性力は周囲の地盤に作用する慣性力よりも小さく、地盤の変位・変形に追随するものであり、地上構造物に見られる振動の増幅等の現象は生じにくいと考えられる」などとし、「一般に地震がトンネルに及ぼす影響は小さいと考えられる」と述べています。二次覆工コンクリートとは、コンクリートが二重になっている構造ですが、外環道のトンネルはそうなってはいません。

さらに、すぐ心配になるのは分岐・合流の場所や地中拡幅部はどうなのかです。ホームページでは、「次のような条件の箇所において地震の影響を大きく受ける可能性があるため、設計の段階で十分な検討が必要である」と述べ、トンネルでは、「構造が急変する場合」や「地盤条件が急変する場合」、そして、分岐合流地中拡幅部では「耐震の必要性について検討する必要がある」とだけ述べ、対応策には触れないままです。

事業者は「地震は地下なら安全だ」と宣伝し、地下トンネルが地上部への地震被害増加についての既往の事例、独立した研究などはない」「著しい地表被害を直接に受けるとはいえない」としています。しかし、地震の波が巨大なトンネルに阻まれて、どう地表に影響するか、は未知数です。まして活断層がそこにあったとしたら、地震のエネルギーはどうなるのか…？

大深度でこれだけの大規模なトンネルを造ったことがないのですから、もともと事例などあるはずはありません。「確立した研究がない」と言いますが、「大断面地下空間（トンネル）を建設した場合、その存在によって、地盤内で地震動の増幅や減衰が生じ、大規模な地震災害が懸念される地震の際は、地下空間の安全性のみならず、地上構造物の安全性にも影響を及ぼす可能性がある」とする基礎研究結果が示されています。

熊本地震の10か月後の２０１７年2月の工事説明会で、地中拡幅部について、地震強度の設計手法と耐久性について住民の一人が事業者に「繰り返し大きな地震が来ても地中拡幅部は壊れないのですね？」とたずねると、長い沈黙の後、担当者は「概略の検討はしたが、詳細の検討はしていない」と答えるしかありませんでした。

地震の影響を最も受けやすいと考えられるのは、真円形のトンネル本体より、地中拡幅部や、避難路ともされている横連絡坑の部分です。その対策は出されていません。

かつて、熊野灘から駿河湾にかけてマグニチュード８クラスの巨大地震が発生する可能性があるとして、大規模地震対策特別措置法が作られ、対策が強化されました。しかし、最近では、南海トラフ全域をまとめて評価し、今後30年以内にマグニチュード８～９クラスの地震が発生する確率は60～70％とされています。

地上のハザードマップは作ることができても、地下がどうなるか。ましてそのとき、地表はどうなるのか。この問題の解決方法を持たない以上、事業者が事業を遂行するに十分な意思と能力を有するとは言えないでしょう。

これだけ気候が不安定になり出水の危険が増し、日本列島が地震活動期に入ったと言われるいま、未完成な技術による大深度地下トンネルを建設していっていいものでしょうか？

古墳17基を破壊

地域開発で必ず問題になるのが、古代の遺跡です。日本中、特に太平洋岸の海岸線に近い丘

世田谷区の東名ジャンクション建設地で17基もの横穴遺跡が発見された

遺跡をふさぎ、鋼鉄の杭が打ち込まれる

陵は、日本の古代、特に縄文時代、弥生時代の遺跡がそこら中に埋まっている、と言っても過言ではありません。

私たちの祖先は、海に近く、川に近い丘陵に住んで、豊かな生活を営んできました。その生活の跡が、貝塚になり墓地になり、住居跡になって残っています。既に書いたとおり、外環道は、武蔵野台地の縁や国分寺崖線のすぐ西側の地下を横切っています。遺跡の発見は、外環道建設地域も例外ではありませんでした。

２０１５年6月、世田谷区大蔵地域、ちょうど東名ジャンクションが建設される区域の真ん中に、２基の横穴墓が、続いて7月には15基の横穴墓が相次いで見つかりました。

世田谷区教育委員会、東京都教育委員会が発掘調査したところ、１３００〜１４００年前、7世紀の古墳時代の終わり頃のものと推定され、中からは葬られた人骨とともに鉄刀、矢じり、勾玉、首飾り、須恵器などが多数出土しました。殿山横穴墓群と言います。

17基まとまっている点では極めて貴重で、盗掘被害に遭っていないことで、副葬品の保存状態も良好でした。考古学者は埋葬方法の相違から、「殿山」が古代郡制・多摩郡と荏原郡の境界であった可能性を指摘しており、また、昭和期に防空壕として掘った形跡や当時の落書きも発見されており、戦跡としての価値もある、と評価されました。

２０１５年9月26日には一般見学会が開かれ、６０７人が参加しましたが、工事を急いだ結果、10月20日、都教委が「発掘調査終了、調査地の引き渡しと工事着手の承認」を通知し、工事は再開されてしまいました。

地元で愛されてきた標高16メートルの小山です。地元の長老は「遺跡があるはず」と訴えましたが、事業者は樹林伐採、斜面切り崩しを実施し、そのさなかに遺跡が発見されました。実は、遺跡があった場所は本線部分から外れており、設計変更すれば守ることも不可能ではなかったはず、との意見も出されました。しかし、国も都も、そんな意見を聞く耳は持たず、無視され、1基を残し埋められました。住民には遺跡に関する議論や選択の機会も与えられなかったのです。

郷土に生活していた人たちの安住の地を奪い、そこに思いを馳せることすらできなくなっている経済第一主義。外環道の沿線には、このほか、八の釜憩いの森、北野、田直などでも遺跡が見つかっていましたが、いずれも、調査―終了―破壊の道をたどっています。

都市農業の破壊、コミュニティの破壊

東京外環道の通過地点は、東京・山手線の外側の田園地帯と新興住宅地が混在した地域です。地域には農協組織もあり、自然を守って農業を続けてきた人たちも少なくありません。

外環道・シールドマシンの発進式のパンフレットには「外環道ができると遠くの野菜を運ぶ

ことができる」との宣伝がありました。まさに言うとおり、都市農地を破壊して、遠くから野菜を運ぶ、農家は離農して立ち去れ、という「地産地消」をベースにした都市農業への真っ向からの攻撃です。

例えばこの東名ジャンクションの予定地付近は、約5万年前に多摩川が侵食し、国分寺崖線や府中崖線をつくり、水が湧き、富士山の噴火で火山灰が降り積もり、長い年月を掛けて、肥沃で滋養ある土壌が作られてきたところです。縄文時代からの遺跡も多く、江戸時代は水田として循環型農業が営まれ、戦後の食糧難もこの地の農産物が救いました。

しかし、天然自然に気候風土と共に長い年月を経てそこに生まれ存在した文化的価値は、損なわれました。井戸も多数埋められ、樹齢100年の大木は切り倒され、鳥や虫の居場所は奪われました。ちなみに、買収され耕作者が立ち退いた畑は、灰色または灰褐色で、土質としては腐植質が少なくよく粘る「荒木田土」という農作物の栽培にとって貴重な良い土でした。堆肥、腐葉土などの有機物を混入すると、保水性、通気性も増す。貴重な農業用地だったのです。

この農地買収の手口も横暴で、住民の心を踏みつけるものでした。まず、畑の所有者に対しては、外環道が事業化された部分だけ生産緑地登録を外され、高額な宅地並課税をされる仕組みにしました。普通の宅地の人も、最後まで買収に応じないで頑張っていた家については隣をわざわざ資材置き場にしたり、黄色いテープを貼り巡らせて景観を最悪にしたり、作業員がウロウロして、まともに住めない状況に追い込みました。

「都市農業は今もなお地域コミュニティの核であり、災害時の救いであり、多面的機能が評価される時代です。豊かさとはなにか、科学技術信奉を問い直す時が来ています」――。世田谷区で農業を営む池田あすえさんの話です。

前にも述べましたが、この地域は、多摩川が大きくうねって、東京湾に注ぐ扇状地の端になる緑豊かな地域です。いまも上空から見れば、池が並んで見える地域です。多くの井戸が掘られ、いまも三鷹、調布などの水源になっています。もともと農業が営まれ、江戸の人たちの食糧供給地でもありました。しかし、都市化の波は、地域全体を覆い、次第にコミュニティも壊されてしまいました。外環道は残された農地をも奪おうとしている、と言えるでしょう。

強引な強制測量、契約の強要

２０１７年７月19日午前９時前、調布市緑ヶ丘の閑静な住宅街に、測量機器を持った作業服姿の職員約30人がやってきました。「恐怖のトンネルＮＯ」「１ｍ１億円の無駄遣い」と横幕をフェンスに貼った住民は「強制測量は認めない」と宣言し、土地境界の確認の立ち会いも拒否しました。駆けつけた沿線各地の住民が「強制測量反対」「住民の安全を無視するな」と抗議するなかで、測量は3日間にわたって強行されたのです。

対象となったのは大深度地下トンネルとランプトンネル上にある住宅4戸で、この日は2戸が対象でした。大深度地下は、地権者の同意はいらないことになっていますが、ランプトンネルは地上に出る手前の浅い場所を通るので、区分地上権の契約を求められています。2年近く前から話し合いをしてきましたが、らちがあかず、土地収用法の発動による強制測量になったのです。測量しなければ、自分の家の敷地のどの部分の地下何メートルにトンネルが通るのかさえ教えてくれない、という状況でした。

そもそも、問題の地域は危険と隣り合わせですから、「むしろ住宅を買い取ってほしい」と要求した住民もあったと言います。しかし、事業者側はこれに応じるどころか、住民たちの要求にも応えないまま、契約を強要してきていたのでした。

以前、都市部での「地上げ」が問題になりました。暴力団のような人たちが、ビルや店舗や住宅の買い取りを求めて、ストーカーのように頻繁にやってくる。電話や訪問のピンポイント攻勢で、権利者を精神的に追い詰め、契約させてしまう…。そんな手法がここでもとられたのです。

本来、公益に基づく公共事業のための契約なら、納得できる条件を示して問題のない形で契約すべきです。それをしないのでは、必ず問題は残ります。世代を越えて生活の基盤になって

住民が抗議する中、住民の敷地にまで入っての強行測量（2017年７月）

いく住宅なのです。

要求は当然、きちんとした補償と、これから起きてくる可能性がある問題事態に、はっきりした回答を示すことでした。しかし、それに対する納得できる条件は示されてはいませんでした。

まず、問題なのは、そのような土地は間違いなく資産価値が低下します。これにどう対応するのか？　そして、都市計画法によってかけられる建築制限について、どう補償するか？　さらに、契約締結後に起きる問題にどう対応するのか、を明らかにしないままの姿勢に、住民たちは事業者側への不信感を深めていました。

そして、契約書には、地盤沈下のようなことが起きたときの補償も書かれておらず、原状回復の規定も契約期間の明示も、売買時の引き継ぎ、届けまで、書かれていませんでした。調査をしているのですから、事業者側にも回答する責任があるはずです。さらにずさんだったのは、契約相手がＮＥＸＣＯ中日本だけで、国はあたかも第三者であるかのように何の対応もしない無責任なものでした。

作業服に身を固めた屈強な人たちが続々とやってきて、自分の家あるいは近所の家の測量を始める。学校から帰った子どもたちは怖くて家に入れない。いったい、どうするんだろう？

問題を残したままの強制測量でした。

インターやジャンクションでは立ち退き強要

もう60年になる東京外環道反対の運動は、当初は、高架が通る沿線で立ち退きを強要され、地域は分断され、それぞれの地域のコミュニティがどう闘うか、は大切な問題でした。「青梅街道インター」反対運動を続けてきた練馬区元関町一丁目町会の運動は、地域の団結を示すものです。

前述のように練馬区の元関町一丁目町会住民は、外環道の高架式計画の時代から、故須山直哉町会長のもと「青梅街道インター」絶対反対を表明してきたのですが、石原都知事が「大深度地下化」を打ち出した際に、当時の岩波三郎練馬区長が建設を主張。杉並区長は「不要」としたため、北方向のみのハーフインター建設計画となりました。

町会が２００６年に実施したアンケートでは、約１００戸が土地を奪われ、町の分断、換気塔からの排気ガスによる大気汚染などをもたらすとして「インター不要」が91％。また１万５１４３筆の反対署名を力に、住民は「青梅街道インター絶対反対」のノボリを掲げ、一致団結して地域を守って闘ってきています。

町会として井戸調査・地質調査・測量調査を拒否し、調査・測量に対して、「生活と権利を守る元関町会地権者の会」が結成され、地権者と隣接地住民が測量拒否を貫き、２０１４年9月、原告10名で「青梅街道インター事業認可取消訴訟」を開始しました。

「ダンゴ虫になって町を守るんだ」という故須山町会長の遺志が現在の山田戦男町会長の代にも引き継がれ、町会としてインター計画に絶対反対が貫かれています。町会と地権者の会、そして裁判闘争が三位一体となり、それを周辺住民などが「支える会」としてバックアップする陣形を形成してきています。これが、この地域の運動の特徴です。その結果、他のジャンクション地域での用地買収率が90％台なのに比べて、組織的な買収工作などを許さないこの地域では、20％台にとどまっています。

年数回の住民集会と裁判闘争で、「青梅街道インターは不要」という住民意思を堅持し、インター撤廃を実現すべく、町会住民が一丸となって頑張っています。

契約相手は誰？　被害補償は誰がする？　住民の声⑦

中央ＪＣＴ以南の区分地上権設定の地域では、ＮＥＸＣＯ中日本の用地担当者が契約書を持ってくる。しかし、これは正しい契約相手なのか。複雑に絡み合った関係をきちんと整理して説明すべきだ。地権者の地下の使用権は国と契約するのでなければおかしい。細分化した議論ではなく、国とＮＥＸＣＯがすべて連帯責任で対応すべきだ。

さらに、地盤沈下、陥没、騒音、振動、低周波など工事に起因する被害は、誰が責任を持つのか。近畿地方整備局作成の「シールド工事占用許可条件と解説（案）」を読むと、被害は、工事中、工事後1、2年だけでなく、３年、５年、10年経っても起きる。住民の問題は被害補償を責任を持って誰がしてくれるかだが、原因が事業者、発注者、施工者のどの工事かを突き止めないと補償しないとしたら、被害住民は泣き寝入りするだけだろう。横浜環状北線のような公正中立な第三者機関が外環道でも必要だが、密室のトンネル施工等検討委員会がやるという。

また、大深度地下の部分には、大深度法で原状回復義務があるが、地中拡幅部の区分地上権者には原状回復の契約を拒んでいる。区分地上権の存続期間はトンネルの存続期間として半永久的だとするが、コンクリートの寿命は50年。長寿命化を図っても１００年程度はもっても、その後はどうするのか。負のレガシーを地上権者に押しつけて逃げるのか。

（２０１７年４月19日、異議申し立ての口頭意見陳述から）

6章

大深度法、憲法違反です!

――憲法違反の大深度法、そして都市計画法違反

大深度地下の法制のおかしさと、実際の運用のおかしさを初めて訴えた東京外環道訴訟で、原告の2人の代理人は、住宅の下をのたうつように走る外環道の違憲性と違法性を論じました。

もともと、原告だけでなく、この道路沿線の住民たちが単純に「おかしいな」と思っていたことでした。

普通一般、人の土地に入ってきたら不法侵入ですし、そこで土を持っていったら泥棒です。それなのに、私人に所有権があるはずの土地の地下に無断でトンネルを掘って、その土を運び出し、永久的に占用しようとする――そんなことが許されていいのでしょうか。

財産権と自由の制限

「外環道の建設で一番問題だと思うのは、本来自由な使用が許されているはずの地権者が、何の断りもなく、自由を制限され、補償もないまま、地下で勝手にトンネルが掘り進められていることです」――2017年9月23日、「調布九条の会『憲法ひろば』」の例会で、東つつじヶ丘の菊地春代さんが報告しました。

子どもの健康を守ろうと、公害を避けて緑も豊かなこの街に引っ越してきた菊地さんでしたが、地元では凍結されたと思われていた外環道建設が、こともあろうに自分の家の真下にやってきたのです。

大江健三郎さんや井上ひさしさんらの「九条の会」の呼びかけで生まれた「調布九条の会『憲法ひろば』」は、毎月例会を続け、憲法についての勉強を深めるとともに、地域の運動についても、交流を広げるための活動を続けています。この日は、調布市内の4つの活動とともに、何が問題なのかを訴え、運動への協力を訴えたのです。

「憲法は私有財産制度の保障として、財産権は侵してはならず、私有財産は正当な補償のもとに公共のために用いることができる、と決めています。

いかに重大な公益的用途のためで、正当な補償の下だといえ、本人の意思にかかわらず私有財産を強制的に収用または使用することは、ありえないことです。私有財産制は財産の使用、収益、処分は本人の自由意思の下でおこなわれることを建前としています。土地収用法はこの私有財産制の重大な例外であり、慎重な手続きの下でおこなわれるべきものだ、と言われてきたからです。

大深度法では、所有権がありながら、自由な地下使用が制限されます。この制限に補償はありません。そこが問題です」

「大深度は通常の利用がされないのだから住民の許可を必要としないと言いますが、地下を利用したいと考える人はいろいろいます。温泉を掘るまではいかなくても、阪神淡路大震災や東日本大震災後、災害時に備えて自家用井戸を掘るという『掘る需要』も高まっています。ガーデニングに利用したり、水道料金の節約としても利用できますし、外環道予定地のように地下水が豊かな地域ではその動きはますます強まっています。それが制限されるのは困ります」

「個人の尊重」を基礎にした日本国憲法は、第29条の第1項で「財産権は、これを侵してはならない」とし、第2項で「財産権の内容は、公共の福祉に適合するように、法律でこれを定める」とし、第3項で「私有財産は、正当な補償の下に、これを公共のために用いることができる」と定めています。「公共の福祉」が何なのかは議論があることですが、土地については、所有権が認められ、私たちはそこで生活しています。

しかも、民法207条は「土地の所有権は、法令の制限内において、その土地の上下に及ぶ」と規定しています。ローマ法やドイツ、フランスなどの法律に規定され、日本の民法もそれらに沿った考え方だ、と言われます。ローマ法では「地上は天心に到り、地下は地殻に及ぶ」と言うのだそうですが、まさか、飛行機が飛ぶ上空やマグマが噴き出す地下の所有権を主張するはずはないので、この範囲は、「利益の存する限度」とか「支配可能な限度」などと理解されています。

大深度法は、「大深度地下」が「土地の所有者が通常使用しない深さで、地表にも影響が及ばない」という理由で、原則として補償しないで使用できる、としました。しかし、大深度法は正当な補償をせずに、大深度地下使用を認可し、他人の土地に大深度地下の使用権を設定するもので、明らかに財産権を正当な補償なく侵害しています。まさに公権力によって個人が現に所有する財産権を一方的に侵害し、特別の財産上の犠牲を課すものです。

現行の大深度法は、原則として個人の財産権を正当な補償をすることなく侵害する内容を持っており、日本国憲法29条1項ないし3項に違反するもので、法令自体が憲法違反です。大深度法の規定に問題があり違憲である以上、この法律に基づいておこなわれた大深度地下使用認可処分が違憲であり、無効です。

このような意見があります。

「有益な公共事業と欲深な土地所有者というステレオタイプの構図に世間の視点を固定させようという意図があり、その後の文献やマスコミの解説が、大深度地下は無補償が当然という『常識』を形成してしまった。これは、『霞ヶ関の世論操作』だ」（運輸経済研究センター、1988年1月「大深度地下鉄道の整備に関する調査研究報告書」）

「所有権行使を制限していること自体が、いかなる場合でも自由に使うことができないという具体的な制限が存在していることを示しており、これが損失だ。将来の利用可能性としての価値を侵害しているのだから、補償すべきというのは当然だ」（平松弘光島根県立大学名誉教授）

「現行法上、単に損害軽微の故をもって、無補償の権利侵害が認められるものではない」（今村成和北海道大学名誉教授）

最高裁は一般的には建築制限の損失補償は認めていませんが、2005年11月、第3小法廷は「公共の利益を理由としてそのような制限が損失補償を伴うことなく認められるのは、あくまでもその制限が都市計画の実現を担保するために必要不可欠で、かつ権利者に無補償での制限を受忍させることに合理的な理由があることを前提とした上でのことというべきである」と判示しています。（2005年11月1日号、裁判所時報1399号1ページ）

利用されてきた大深度

大深度法は地下40メートルを基準に「通常使用に供されることがない深さ」と考え、無償提供の根拠にしました。しかし、前掲平松氏らが紹介している建設省のアンケート調査では、1989年以降、10年間に大都市圏で着工した30メートル以上の深さの建築物でも、区分地上権の設定を契約することが普通でした。35～40メートルの深さでは、所有権1件、区分地上権13件、使用・賃貸借等8件、40～45メートルの深さでも区分地上権8件、使用・賃貸借等9件、45～50メートルの深さでは区分地上権4件、使用賃貸借等9件でした。50～60メートルでも区分地上権3件、使用・賃貸借等9件、100～150メートルの地下でも、1件の有償契約が存在していました。

20世紀が終わるまでに、既に、超高層ビルの基礎などが40メートルを超えるのは珍しくありませんでした。区分地上権の設定も、使用貸借も基本的に有償です。40メートル以深の大深度は人が使わないところだから、勝手に使っていい、などという根拠は、最初から間違っていました。

もうひとつ、勝手な根拠とされたのは、この地下では地上とは関わりがない、地下での巨大な建造物も、地上への影響は一切ない、ということでした。しかし、圧力を掛けて地下を掘り進むトンネル工事は、気泡が上がって来たことでも示すように、地上と無関係ではありません。

しかも、気泡の上がり方を見ると、当然ですが、掘削現場からまっすぐ上に上がるのではなく、複雑な地下の地層や水みちを反映して、現場からかなり離れた場所で地上に達していることが分かります。どんな道筋で上がったのか？　明確な説明はありません。

それまでは、少なくとも、契約で区分地上権を設定したり、有償で賃貸借契約することで地権者に了解を取るなどの措置を取っていた地下利用を、根拠のない理由で無補償でよいことにし、勝手に地下を掘り、土を運び出してもいいことにするのは、どう言い繕っても、憲法違反そのものです。

基本方針を守らない違法

さらに、大深度地下法が認められるものだったとしても、大深度地下使用の事業を認可するには、法定の要件が決められています。ところがどうやら、この要件についても適合していない問題があることが分かりました。

大深度法16条は、大深度地下使用認可の要件として、同法6条に基づいて国が定めた「大深度地下の公共的使用に関する基本方針」に適合することを求めています。国は2001年4月3日、閣議決定でこの基本方針を決めましたが、その中に「環境の保全」の条項があります。外環道はこの点についての配慮を欠き、環境影響評価についても不適正でした。

- 地下水位の問題

基本方針は大深度法第5条の「大深度地下の使用に当たっては、その特性に鑑み、安全の確保および環境の保全に特に配慮しなければならない」との規定を受けて、環境保全について、特に配慮すべき事項として「地下水位・水圧の低下による取水障害・地盤沈下」「地下水の流動阻害」「施設設置による地盤変位」について定めています。

ところが、事業計画は地下トンネルの設置で地下水脈の遮断ないし流路変更による地盤沈下や池涸れ、井戸涸れの可能性があるにもかかわらず、具体的な保全措置が考慮されておらず、トンネル建設工事自体による出水や構造物の崩壊による地盤沈下にも具体的な保全措置が考慮されていません。

●環境影響評価（環境アセスメント）

基本方針は、環境影響評価法または自治体条例などの環境影響手続きで、環境への影響が著しいものにならないよう示すことが必要だとしています。

東京都は外環道について環境影響評価をしたとして、２００７年3月に作成した環境影響評価書では、大気汚染、地下水位の変動、地盤沈下などについて、いずれも「環境への影響が著しいものとはならない」と評価しています。しかし、判断の根拠になる肝心の測定データが明らかになっておらず、環境への影響が著しくならないことを示すものになっていません。

説明できない環境対策

大深度法16条4号では、大深度法使用認可には、「当該事業を遂行する十分な意思と能力を有している」事業者であることが決められ、5条では「大深度地下の使用に当たってはその特性に鑑み、安全の確保および環境の保全に特に配慮しなければならない」と規定しているのに、この事業の「安全確保および環境の保全」についての住民からの説明要求や質問には具体的に答えることができないでいます。

「大深度地下は環境に影響がないから大丈夫」という主張は、地下水の問題についてもなされています。しかし、地下構造物が水脈をせき止めることは明らかで、地中拡幅部などは、深層地下水層とその上の帯水層、さらにその上の浅層地下水の3つの流れをせき止めることになります。その水がどうなるのか、実は事業者にも分からないのです。

さらに、地中拡幅部の工法については、未だに具体的な工事方法が確定していない、と事業者自身が認めています。技術開発については、4か所の地中拡幅部に各3社の設計案を求めたり、真円形が推奨されたのち、ナトム工法の案も受け入れ、ムダづかいに終わりそうです。安全確保ができているとは言えない状態です。

これでは、「当該事業を遂行する十分な意思と能力を有している」事業者とは言えず、大深度地下の使用認可は違法で、それに基づく処分は無効だと言わざるを得ないでしょう。

問われる公益性

大深度法は、申請の事業が「大深度地下を使用する公益上の必要があるものであること」を要するとされていますが、最大の問題は、この道路の必要性は計画段階の1960年代とは違って、うんと小さくなったか、なくなってしまっていることです。事業者がこの道路の必要性の根拠としてきたのは、「環状8号線の慢性的な渋滞の解消」でした。

事業者のパンフレットによれば、東名ジャンクションと大泉ジャンクションの間を、環状8号線を使った場合には約60分かかるのに対して、約15分になる、と予測。その場合、環状8号線の交通量は1~2割減少し、渋滞がなくなることで、通行車両の燃費や二酸化炭素の排出減少も期待される、というものでした。

しかし、2015年の交通センサスによると、環状8号線の交通量は、1999年から2015年の間に14か所の測定地点のうち11地点で減少しているのです。つまり、この道路が計画されて以後、圏央道や首都高速中央環状線が開通し、慢性的な渋滞は解消されてきています。とすると、ここでの必要性は大きく減った、と言わざるを得ないでしょう。

ところが、一方で大深度地下の道路建設費用は、事業承認・認可時には総額1兆2820億円だったものが、事業変更承認・認可時には１兆３７３１億円になり、２０１６年５月19日の再評価では１兆５９７５億円に跳ね上がっています。しかも、工事方法が決まっていない地中拡幅工事があるため、それが決まればさらに増える、ということです。

道路延長は全部で約16キロ、単純に割り算をすれば、「１メートルに１億円」というのは誇張ではないことが分かります。

必要性がなくなり、事業費だけは膨らむ。さらに、住宅街に重大な損害を及ぼす危険もある。このようななかで、トンネル建設を強行しなければならない公益性は存在しないのです。

都市計画法適用の問題も

今回の大深度地下の使用認可は都市計画事業としておこなわれる「東京都市計画道路事業都市高速道路外郭環状線事業」のうち大深度の地下トンネルのために、大深度法を適用しました。本来、都市計画事業が普通に実施されるときには、当然、対象者には補償もされるわけですが、今回の場合、これに大深度地下が絡んできました。

そしていい加減だったことは、都市計画について「立体的都市計画」を実質的に決めなかったことです。「時間がなかった」との理由以外の説明はありません。そして、本来憲法違反だと思われますが、大深度法は無補償です。

その結果、この事業区域については都市計画の事業地と、都市計画法による「立体的な範囲」を決めながら、地下トンネルとの離隔距離、載荷重を決めていないため、都市計画法による建築制限を受けてしまう、そして、都市計画法に基づく補償も受けられなくなっています。都市計画法に基づく立体的都市計画が不十分な都市計画事業に大深度法を適用したために、憲法違反の事態を招いてしまった、とみることができます。

都市計画法には計画決定時に、地下室や鉄筋コンクリート造などの建築制限を課す53条と、事業化段階で、土地の改変や重量建築物の制限などを課す65条があります。大深度法では地上部には影響がないとされていますが、トンネルが建設された後にも53条の制限は続きます。

しかし、例えば大阪府寝屋川北部地下河川事業は、外環道に続いて、大深度法を適用して事業を進めていますが、この事業では大深度法の権利設定の前に、都市計画の変更をおこないました。そこで、①大深度法適用区間における立体都市計画の設定、②立体都市計画区間における離隔・荷重条件の設定、をし直しました。その結果、大深度地下を使用される土地の所有者が、家を建てたり、建て替えするとき、建築行為の許可申請を不要にし、地上の住民の都市計画法上の建築の制限を受けていません。

ところが、外環道ではこの手続きを怠り、外環道の大深度地下の地権者には建築制限がかかり続けることになりました。事業者の怠慢による更なる住民の不利益です。

決まっていない工法、分からない事業期間

一般に公共事業がおこなわれるとき、その工法や工期は計画申請段階では決まっていて、それをきちんと実行することが大切です。都市計画法61条は都市計画事業の承認、認可の要件として「事業施行期間が適切であること」をあげています。それが決まっていないまま承認、認可されることはありませんし、普通、そんなことがされれば、それは違法で、無効な処分とされてしまいます。

ところが外環道の場合、全線高架方式だった都市計画決定を２００７年4月に地下方式に変更したのですが、地中拡幅部の工事ではこのときに決めた本線とジャンクションの接続方式を変更し、当初馬蹄形だったトンネルの形状をこの部分でも円形にするよう変更しました。

しかし、２本のシールドトンネルの周囲を、地下40メートルよりも深い地中で断面が円形になるよう切り広げる工事は前例がなく、しかも切り広げられる部分は止水領域を含めて最大で54メートルにもなると想定されています

そして、この具体的な工事方法は決まっていないのに、２０１４年3月13日に承認・認可された結果、事業施行期間は２０２１年3月31日までとして告示されました。まさに、「見切り発車」です。都市計画法61条は、都市計画事業の承認および認可の基準として「事業施行期間

が適切であること」と決めています。その点からしても、明らかに地下トンネル工事は、不適切な期間決定で違法です。

このほか、事業者側は法に決められた事業地を表示する図面や実測平面図を提出しなければなりませんが、それらが提出されてはいません。それも違法です。

2人の弁護士の主張

2018年3月13日から始まった口頭弁論で、原告代理人の武内更一弁護士は、「これは大深度法の違憲性を主張する初めての訴訟です」と前置きして、「本件訴訟は、『東京外郭環状道路』の関越自動車道大泉ジャンクションから東名高速道路東名ジャンクションに至る約16キロメートルに及ぶ本線トンネルを、住宅地の地下40メートル以深の『大深度地下』に設置することを認めた国土交通大臣の認可処分と、その前提である都市計画事業承認・認可等の処分が、憲法に違反する無効な行政処分であることの確認とその取消しを求めるという行政訴訟です」と次のように述べました。

- 土地所有者に無断・無補償で地下を使用させる大深度法

本件事業は、「大深度地下の公共的使用に関する特別措置法」（以下、「大深度法」）を大規模な公共事業に適用した最初のものであり、本件訴訟は、大深度法それ自体の違憲性を主張する初めての訴訟です。大深度法は、２０００年（平成12年）の通常国会で制定された法律で、主に地表から40メートル以深の地下などを「大深度地下」と定義して、一定の公共的事業のために、国土交通大臣または都道府県知事の認可に基づいて、土地所有者の承諾を得ることなく無補償で使用することができるとする法律です。

● 憲法29条（財産権の補償）に違反

ところで、憲法29条は、１項で「財産権は、これを侵してはならない」、２項で「財産権の内容は、公共の福祉に適合するように、法律でこれを定める」、３項で「私有財産は、正当な補償の下に、これを公共のために用いることができる」と定めています。これは、私有財産であっても国や公共団体が公共のために使用することができるが、その場合は、所有者などに対して「正当な補償」をしなければならないという意味です。

大深度法は、「大深度地下」は、土地の所有者が通常使用しない深さであり、地表にも影響が及ばないという理由により、原則として補償しないで使用できるとしています。

● 世界最大級の地下トンネル設置工事の危険性

しかし、地表から40メートル以深の地下に直径16メートル（5階建のビルの高さ）の巨大なトンネルを設置する場合に、地表に影響がないという保証はありません。むしろ、道路や住宅地の地下に道路や鉄道トンネルを掘ったために、地表の地盤が沈下したり、陥没が生じた事故が実際に発生しています。

すなわち、大深度地下の使用は地表に影響を及ぼさないという前提が、そもそも成り立っていないのであって、大深度法は、憲法29条1項及び3項に違反する無効な法律です。また、住宅地の真下に、ほとんど施工例のない世界最大級のシールドマシンによって巨大かつ長大なトンネルを掘る工事そのものも危険です。

- 裁判官の方々には、そのような事実を直視し、違憲・違法かつ危険な本件事業を止める判断を下していただくよう求めます。

続いて遠藤憲一弁護士は、一体、外環道は必要なのか、巨費を投じて建設することが公益にかなうのか、と次のように問題提起しました。

- 公益上の必要性について

大深度法16条は、大深度地下使用認可の要件として、「公益上の必要がある」ものであることを要件としている。

事業者は、本件事業整備の効果として、「首都圏の渋滞緩和、環境改善や円滑な交通ネットワークの実現」を掲げている。しかし、日本の人口は年々減少し、高齢化社会を迎えるなかで、計画交通量1日10万台などまったく科学的根拠を欠く想定でしかない。

他方で国は、東日本大震災、福島原発事故7年を経過するのにまともな震災復興どころか、7万3000人もの避難民を放置し、放射能汚染垂れ流しの状態は継続したままである。福祉予算も削減の一途を辿る中で、1兆6000億円あるいは天井知らずとも言われる莫大な経費を投入して1メートル＝1億円の道路を造る必要性も合理性も全くない。

最近リニア新幹線や本件事業でも談合疑惑が問題になったばかりである。砂糖に群がるアリのようにここには莫大な利権が絡んでいる。要するに、本件事業は、「公益上の必要」の衣を被せて、住民の生命、身体、財産を犠牲にし、大企業、資本に利権をもたらしているだけなのである。

個々の住民のくらしの安全と利益を侵害して成り立つ公益事業とはなにか、その虚構性、その内実に裁判所は刮目されたい。

●環境改善どころか環境の大破壊だ

住宅の真下に直径16メートルものトンネルが通される。これが環境改善なのか。のみならず、広く大気を汚染し、水源地帯の地下水脈を分断・破砕し、人間の生活に最も重要な空気、水、土を汚染する。巨大地下トンネルの建設には、一瞬先は闇の危険が包蔵されている。

現に地下トンネルによる、地盤沈下や水涸れなどが全国各地で発生している。リニア新幹線が地下を通ると大井川では毎日20万トンもの水が失われると予測されている。こうした環境破壊の危険が十二分に予測されるのに、これを「環境改善」などと正反対のキャンペーンをしているのが事業者らである。

●本件行政処分の適法性の主張立証責任は行政庁にある

これまで事業者は、住民らの不安や疑問に対して聞く耳を持たず、ゼロ回答を決め込み、データを秘匿して工事を強行してきた。

本件原告らは、そうした事業者の住民無視の姿勢に対し、無視された地域住民の怒りの声を代表して本訴提起に至ったものである。もとより本件行政処分が適法であることの立証責任は、原則としてすべて行政庁が負う。特に、本件のように、安全審査などの根拠資料がすべて行政庁側にあるような場合には、被告行政庁が立証の負担を負う。

いわゆる伊方原子炉設置許可取消請求事件において、最高裁は「当該原子炉施設の安全審査に関する資料をすべて被告行政庁の側が保持していることなどの点を考慮すると、被告行政庁の側において、まず、その依拠した前記の具体的審査基準並びに調査審議及び判断の過程等、被告行政庁の判断に不合理な点のないことを相当の根拠、資料に基づき主張、立証する必要があり、被告行政庁が右主張、立証を尽くさない場合には、被告行政庁がした右判断に不合理な点があることが事実上推認される」と判示しているところである（最判平成4年10月29日民集46・7・1174頁）

本件事業の適法性についても、当然のことながら、被告らに立証責任があることを裁判所は改めて銘記すべきである。

東京オリンピックまでの開通は無理

6月12日に予定された第2回口頭弁論を前に、担当裁判官は春の人事で3人中2人が交代し、6月12日の口頭弁論期日には更新手続きがおこなわれました。

第2回口頭弁論では、裁判官が交代したこともあり、第1回で話した原告の2人が改めて訴え、それに新メンバーを加え、計4人の原告が訴えました。

さらに、2018年4月27日付の日本経済新聞に載った「東京区間20年開通断念」という記事は、早速、弁論の内容になりました。

武内弁護士は、都市計画法61条の認可条件に違反して工事を始めたことの問題点を改めて浮き彫りにしました。

東京区間 20年開通断念

外環道「工事難しく」

東日本高速

東日本高速道路（NEXCO東日本）の広瀬博社長は26日、東京外郭環状道路（外環道）の東京区間について2020年までの開通を断念したことを明らかにした。都内住宅地の地下を通す工事を安全に進めるうえで、技術的な検討などに時間がかかっているため。「今後のスケジュールを具体的に申し上げる段階にない」と述べた。

東京区間は大泉ジャンクション（JCT、東京都練馬区）から東名JCT（同世田谷区）までの16・2キロ。3月28日に国交省や東京都などと調整会議を開き「少なくとも2020年五輪・パラリンピックまでの開通は困難」と判断したという。

広瀬社長は「理由は工事の難しさに尽きる」と説明。17年に首都高速道路横浜北線の地下工事で地盤沈下が明らかになり、「そういう問題も含めて気をつけなければならない」と話した。

外環道は6月2日に千葉区間が開通し、大泉JCTまでの東側6割は完成する。一方、西側は整備が遅れている。

2020年までの開通断念を報じた
2018年4月27日付日本経済新聞

武内弁護士の弁論での主張は、この外環道の事業承認、認可の要件は「事業施行期間が適切であること、と決められている。しかし、工事方法も事業期間も決めずに承認・認可した。これは明らかに違法である」というものです。

その論点は、次のようなものです。

- 本件事業承認・認可は都市計画法61条に違反している

2018年（平成30年）4月27日の日本経済新聞朝刊第33面（原告提出書証甲14号証）に、東京外郭環状道路に関して、「東京区間20年開通断念　外環道『「工事難しく」』」との見出しの記事が掲載された。本件事業の事業者である東日本高速道路㈱の広瀬博社長が「東京外郭環状道路の東京区間について2020年までの開通を断念したことを明らかにしたと書かれている。

この記事は、極めて重大な問題を明らかにしている。

同社長は、その理由として、「都内住宅地の地下を通す工事を安全に進めるうえで、技術的な検討などに時間がかかっているため」、「理由は工事の難しさに尽きる」と述べたこと、さらに今後のスケジュールにつき、「具体的に申し上げる段階にない」と述べている。

問題なのは、決して〝結果的にそうなった〟のではなく、事業者である国と東日本および中日本高速道路㈱会社は、初めから工事方法も確定していないのに、見切り発車で事業を開始し、国と東京都は、そのことを承知しながら本件事業を承認・認可したのである。

- 「分からない」ままの承認手続きは明らかに違法

都市計画法61条は、事業承認・認可の要件として「事業施行期間が適切であること」と明記している。外環道計画は都市計画法61条に明白に違反している。

さらに、同社長が、２０１７年に首都高速道路横浜北線の地下工事で地盤沈下が生じたことに関して、「そういう問題も含めて気をつけなければならない」と述べていることも重大である。そのような危険性のある地下道路建設工事を、東京の住宅密集地の下でおこなおうとしているのだということである。

- 国と都も「開通時期」を明言できず

国土交通省関東地方整備局、東京都、東日本高速道路㈱関東支社、中日本高速道路㈱東京支社による「東京外かく環状道路（関越〜東名）事業連絡調整会議」の第６回会議が、２０１８年（平成30年）３月28日に開催された。

その会議で、以下の点が確認されたという（原告提出書証甲15号証）。

「地中拡幅工事は、大規模かつ複雑な工程やステップを伴う高度な技術を要する工事につき、施工には相当の期間を要する見込みである」（同証第２丁３項）。

「用地・工事それぞれに課題が多くあり、具体的な開通時期を見通すことは困難であること等により、少なくとも2020年東京オリンピック・パラリンピックまでの開通は困難である」(同証第2丁4項)。

●本件大深度地下使用認可及び事業承認・認可は違法・無効

これほど杜撰でいい加減な公共工事はない。そのような工事がおこなわれようとしている場所の地上に住んでいる人々のことを考えてもらいたい。本件事業承認・認可は違法である。大深度地下使用認可も、認可要件を充たしておらず、無効である。

国と都は本件大深度地下使用認可及び事業承認・認可を自ら取り消し、工事を中止せよ。

繰り返した「地上に関係なし」のウソ

大深度地下を使用する外環道でとりわけ問題なのは、この地下化について、事業者側は、国民、とりわけ直接影響を受ける住民に、実にいい加減な対応をしてきていたことです。その最たるものは、「大深度地下は地上部には影響はない」と言い続けてきたウソです。

2006年6月発行のパンフレット『これまでにいただいたご意見、ご提案の具体化の検討等における考え方』でも、「土地利用に制限を課すこともないため、補償すべき損失が発生しないものと考えられることから、財産価値に与える影響はないと考えます」と書いています。

ところが、２０１４年3月に大深度法での建設が認可され、都市計画事業認可の告示がされると、その翌月から建築制限のほか、売買する場合は国への届け出義務があること、国が優先的に買い取る権利がある、と説明はがらりと変わったのです。

事業が既成事実化された後で、後手後手で説明を変えるしかなかったのかもしれませんが、一般市民には理解し難いことです。この事実は、「事業者のウソ」として、信用を大きく失わせることになったのは確かです。

本当にこの事業は必要なのか？　費用対効果のごまかし

「公益性」は先に述べたとおり、こうした公共事業の場合、常に問題になってきたことでした。この事業をすることによって、国民がどんな利益を受けるのか、それは、その事業にかかる費用と比較してどの程度大きいのか――。

しかし、事業が凍結され、工法が変わり、社会状況が変化すると、その利害得失も変わってきます。

何をどう決めるか、については、古くから議論されてきたことですが、ほぼ２０００年（平成12年）までには、あらゆる公共事業で「費用便益分析」（cost-benefit analysis）がおこなわれるようになり、２００１年６月「行政機関が行う政策の評価に関する法律」も生まれ、法定化されました。

東京外環道でも、２０１３年（平成25年）の「再評価」では、①首都圏の周辺道路の渋滞状況、②周辺道路の事故状況、③周辺の生活道路の安全性向上、④外環のミッシングリンクの解消、⑤災害時の迂回路の確保――などの必要性をあげ、建設費と維持管理費からみて、費用に比べた便益は、費用便益比（B便益／C費用）は２・３と計算、建設には２倍以上の効果がある、と評価しました。

ここでかかる費用は１兆２８２０億円とされましたが、２０１６年５月の再評価では、１兆５９７５億円に膨らみ、しかもここには工法が決まっていない地中拡幅部などの工事分は入っていない状況です。そして、このうち１兆３５７億円は国と都の直轄で、税金からの支出です。

ここで問題なのは、この「便益」なるものです。ここに示された渋滞、事故、周辺の生活道路などの状況は大きく変化しています。例えば、東京都の乗用車の登録台数は１９９９年と２０１４年を比較すると、３６８万台から３１６万台へと52万台も減少、ガソリンスタンドも１９９９年の２４１２個所から１０１５年の１１２５個所へと半分以下になっています。

もっとも、国や都がこの費用対便益の議論に付き合う気はないようです。国交省関東地方整備局事業評価委員会の家田仁委員長は、２０１３年の委員会の席上で、「効果が高いものを再評価で何をチェックすべきかと言ったら、費用対効果（Ｂ／Ｃ）がいくつになったかはどうでもいい話で、一刻も早く進めているかどうか、そこのチェックが最大のポイントだと思う」と発言しています。

19世紀から20世紀、そして21世紀に向かって、現代文明は私たちの生活を大きく変えてきました。社会が変わり、忙しくなり、モノがあふれ、光と音が交錯する…。しかし、そんな文明社会は、さまざまな矛盾をはらんで、迷走し、人間の存在や生活そのものの在り方を問いかけてきています。

この費用便益分析も、日本国憲法が決める「健康で文化的な生活」「人間の尊厳、個人の尊重」についての価値をどう生かしていくか、の観点で見直さなければならないでしょう。外環道問題は、私たちの生活とそれを守る憲法の課題でもあるのです。

飛び出した談合疑惑

工事の中での談合疑惑もあります。

２０１７年3月30日の衆院決算行政監視委員会で、日本共産党の宮本徹議員は、外環道の地中拡幅部工事４件について質問しました。

問題になっている東京外環道建設の4件の工事は、国から委託された東日本、中日本の両NEXCOが2016年10月に入札公告にかけ、2017年4月に事業者を選定することになっていました。ところが、この工事は「鹿島建設、大成建設、清水建設、大林組のゼネコン4社の共同企業体が受注することになっているのではないか」というのです。

公正取引委員会も動き出し、両社は「談合の疑いが払拭できない」として、同年9月、契約手続を中止しました。その後、同年12月にはリニア新幹線をめぐって談合が問題になりました。

焦点になっているのは、受注前に工事に関する情報交換をしていたことですが、「世界最大級の難工事」とされるこの工事は、リニア同様、スーパーゼネコンでなければできないと言われます。入札は「一抜け方式」という特殊な方式で、4つのうち1つの工事を受注すると、ほかの工事を実質的に受注できないという方式です。競争入札ではなく随意契約にすれば、なぜこれを選んだかの説明責任が生じるため、表面上は競争入札にしたい…。こうした問題は公共事業には常につきものだけに、まだまだ論議が必要でしょう。

談合があったのかどうか、結論は出ていないのに、入札を一旦停止しなければならなかったのはなぜか。とんでもない問題が出てくるのを恐れたのか、それとも、何かほかの事情があったのか。

その後、談合疑惑がどうなったかの報告はありません。

ところが、2018年9月14日、NEXCO東日本は中央ジャンクション北側の地中拡幅工事2件の受注業者選定を始めました。NEXCO中日本もジャンクション南側の工事2件の受注業者選定を始めるとされています。同年10月7日付「しんぶん赤旗」日曜版によると、NEXCO東日本の担当者は、「選定方法は前回と基本的には変わらない」「ゼネコンの誓約書を出してもらう」と宮本議員に説明したとのことでした。

国会では森友、加計問題が火を噴いていた2017年12月19日、リニア中央新幹線を受注した大林組は同社がスーパーゼネコン4社による受注調整をしていた独占禁止法違反の事実を自ら認め、公正取引委員会に自主申告したことが明らかにされました。自主申告で企業に課される課徴金が減免されることを狙ったものだ、と言われます。

これで、大林組のほか、鹿島建設、清水建設、大成建設の4社が、リニア新幹線の工事15件で受注調整をおこなっていたことがほぼ確実になり、東京地検特捜部と公正取引委員会は4社の本社などを家宅捜索。独占禁止法違反で法人とその責任者を起訴しました。

大林組とともに清水建設も自主申告したことで、この2社の幹部は起訴猶予処分になりましたが、大成建設と鹿島建設の幹部は争う姿勢だと言われています。外環道がリニアに飛び火したのか、リニアが外環道に飛び火したのか、いずれにしても、ゼネコン業界の病弊が噴出してきていることは間違いなさそうです。

リニア新幹線も、南アルプスやフォッサマグナの大地溝帯を貫いて、大深度地下を掘削して新幹線を通すという計画です。こんなものが、本当に必要なのでしょうか。

計画を立てるコンサルタント会社、決める天下り官僚中心の諮問機関、事業を委託された会社、そこから受注するゼネコン、そして下請け会社にお金が流れて建設は進みます。「夢」まではいいかもしれません。しかし、その被害を受ける住民や破壊される自然、そんなことを考えたとき、その計画は本当に必要なのか、と立ち止まって考える姿勢が必要です。

いま、この経済優先のシステムの中で、不要不急の工事でもいったん決めたら、何年かかっても「実行」しなければならない、と考える硬直した官僚と、そのおこぼれにあずかりたい政治家がいます。

米国で「軍産複合体」が語られ、日本では「原発共同体」が論じられました。公共事業でも巨大な「公共事業複合体」が、民主主義も憲法もゆがめ、法律と制度を操って、国土破壊の危険な事業を進めています。

大ウソの行き止まり「盲腸トンネル」　住民の声⑧

東名ＪＣＴ予定地の立坑と地中拡幅部の間の約2キロメートルの大深度地下トンネル2本は、「盲腸トンネル」と呼ばれている。

供用後に一般車両は通らない道路で、利用目的が不明だからだ。南行きの車は地中拡幅部からランプトンネルを通って地上の東名高速に上がっていく。もし、この盲腸トンネルを真っ直ぐ進むと行き止まりになる。

このトンネルがなければ、「史上最大の難工事」と言われる地中拡幅部が一つなくなり、陥没や地盤沈下のリスクも大きく減る。地権者も減る。

「盲腸トンネル」は地下方式に都市計画変更する前まではなかった。それがなぜ造られるのか。住民の追及に、「工事車両の駐車場」だとか「非常時のUターン避難路」などと説明は二転三転し、大深度地下使用認可申請書に書かれた「土砂搬出のための工事用道路」が行き止まりの理由だ。

推定約2500億円の工事費をかけて、全長16キロの内の2キロを工事用道路として造る必要があるだろうか⁉　無駄で無用でおまけに危険。説明のつかない盲腸トンネル区間は、大深度法の公共目的から外れている。大嘘の最たるものだ。

（2015年1月26日、2017年1月23日など、異議申し立ての口頭意見陳述から）

「大深度は地表に影響がない」のウソ　住民の声⑨

２００７年頃、国土交通省から出された「これまでにいただいたご意見、ご提案と計画具体化の検討等における考え方」という文書がある。住民と国や都との質疑応答の形を取っているが、そこでは、「生活環境の悪化により地域のイメージが悪くなり地価が下がらないか」という質問に、「大深度区間は通常供せられることのない地下の深さであり、土地利用に制限を課すこともないため補償すべき損失が発生しないものと考えられ、財産価値に与える影響はないものと考えます」と言っている。

だが、現実には大深度や区分地上権者の住民に対して都市計画法の建築制限や国の先買権を認めている。この制限を課すなら憲法違反、それを全部外した強制も法律違反だ。これに一切説明はない。大深度法には、情報の提供が決められている。少なくとも該当する家庭に詳細な地図を届け、どう関わるかを知らせるのは義務ではないのか。

大深度法には、事業の取り消し、廃止などの場合は原状に復し、必要な措置をとることを決めているが、いったん掘ったものを原状回復するにはどのくらいの金がかかるのか。また、外環道のメンテナンスには、年間55億円かかると言うが、それも含めて自然をどう回復するのか。

（２０１５年1月26日、異議申し立ての口頭意見陳述から）

資料編

資料①訴状
資料②東京外環道問題と運動の歴史
資料③東京外環道関連団体

資料① 訴状

2017年（平成29年）12月18日

東京地方裁判所提出

原告（略）

被告　国（処分行政庁国土交通大臣）

上記代表者法務大臣　上川陽子

被告　東京都（処分行政庁東京都知事）

上記代表者東京都知事　小池百合子

東京外環道大深度地下使用認可無効確認等

請求事件

目次

2　都市計画法61条に基づく都市計画事業承認及び認可
3　都市計画法63条に基づく都市計画事業変更承認及び認可

第4　本件事業地とその近隣地域の現況および都市計画の概要

1　本件事業が施行される区市
2　本件事業が施行される地域の都市計画
3　本件事業が施行される地域の地形的特徴及び地下水脈

第5　本件事業の問題性（本件各処分の違法性を基礎づける事実）

1　地下トンネル工事による地盤沈下の危険性
2　地下トンネル施設の設置による地下水脈の遮断と環境被害
(1)　地下水脈の流路変更による地盤沈下
(2)　水位低下による池涸れ及び井戸涸れ
3　環境影響評価の不適切性
4　事業区域内及びその周辺の不動産の財産価値の低下
5　都市計画との不適合
6　地中拡幅部の工法が不確定であることによる事業施行期間の不適切性
7　事業地を表示する図面の不正確性
8　大深度法の無補償原則と財産権の侵害
9　都市計画法11条3項に基づく立体的都市計画の欠落による土地の権利制限
10　本件事業の必要性・公益性の不存在及び高額な事業費

第6　本件各処分の違法性

1　本件大深度地下使用認可の違法性
(1)　大深度法の違憲性（憲法29条違反）（第5の8）
(2)　大深度法16条5号違反（基本方針との不適合：第2、第5の1～3）
(3)　大深度法16条4号違反（事業者の能力不足：第5の1～3及び6）
(4)　大深度法16条3号違反（公益上の必要性の不存在：第5の10）
(5)　本件都市計画事業への大深度地下法適用の違憲性（第5の9）

2　都市計画変更決定の違法性

(1)　都市計画法13条違反（本件事業地の都市計画との不適合：第5の1～4、9）

(2)　都市計画法11条3項違反（第5の9）

(3)　環境影響評価の不適切性（第2の2、3）

3　都市計画事業承認・認可及び都市計画事業変更承認・認可の違法性

(1)　都市計画法61条違反（事業施行期間の不適切性：第5の6）

(2)　都市計画法60条3項1号違反（事業地を表示する図面の欠落：第5の7）

第7　原告らの訴えの利益（本件各処分により損害を受けるおそれ）及び原告適格

1　本件事業地と各原告との関係

2　原告適格

3　原告らが本件各処分により損害を受けるおそれ（訴えの利益）

第8　原告らによる本件各処分に対する異議申立等と処分取消訴訟の出訴期間

結語

別紙原告目録、別紙処分目録、等

請求の趣旨

1　別紙処分目録記載の各処分がいずれも無効であることを確認する。

2　別紙処分目録記載の各処分をいずれも取り消す。

3　訴訟費用は被告らの負担とする。

との判決を求める。

請求の原因

はじめに（本件訴えの概要）

本件訴えは、東京都市計画道路事業都市高速道路外郭環状線（通称「**東京外郭環状道路**」または「**東京外環道**」）の関越自動車道大泉ジャンクション（以下「大泉ＪＣＴ」という。）から中央自動車道中央ジャンクション（仮称。以下「中央ＪＣＴ」という。）を経て東名高速道路東名ジャンクション（仮称。以下「東名ＪＣＴ」

という。）に接続する約16・２㎞の高速自動車道路（３車線の本線道路２本）を、東京都練馬区、杉並区、武蔵野市、三鷹市、調布市、狛江市及び世田谷区の住宅地の地下40ｍ以深のいわゆる「大深度地下」に、現在「世界最大級の規模」と言われる直径約16ｍのシールドマシンにより非開削でトンネルを掘削する工法（以下「**シールド工法**」、「**シールドトンネル工法**」という。）で建設するとともに、これに上記各ジャンクション及び東京都道５号新宿青梅線（青梅街道）等と連結する地上部及び地下部の連絡路（ランプウェイ）、インターチェンジ等を建設する事業（以下「**本件事業**」という。）（**別紙図面1**参照）につき、国土交通大臣が行った「**大深度地下使用認可**」、国土交通大臣及び東京都知事が行った「**都市計画事業承認・認可**」及び「**都市計画事業変更承認・認可**」（別紙処分目録記載のとおり）につき、本件事業地の施行地域内およびその周辺地域に不動産を所有または居住する住民らが原告として、行政事件訴訟法36条に基づき無効確認を求めるとともに同法３条１項及び２項に基づき取消しを求める抗告訴訟である。

（略）

第１　本件事業の概要

１　本件事業に関する都市計画決定及び都市計画変更決定

本件事業は、名称を「東京都市計画道路事業都市高速道路外郭環状線」（通称「**東京外郭環状道路**」）といい、国（国土交通大臣）、東日本高速道路株式会社（以下「**東日本高速会社**」という。）及び中日本高速道路株式会社（以下「**中日本高速会社**」という。）が事業者（以下「**本件事業者**」という。）となって都市計画事業として施行される（甲8）。

本件事業は、元々１９６６年（昭和41年）７月に、１９６８年（昭和43年）改正前の旧都市計画法に基づいて全線高架方式の道路として「都市計画決定」（以下「**本件都市計画決定**」という。）されたが、２００７年（平成19年）４月19日に地下方式に変更する「都市計画変更決定」（以下「**本件都市計画変更決定**」という。）がなされた（甲５、甲６）。

但し、本件事業については、都市計画法11条３項に基づく「立体的な範囲」の都市計画は定められていない（甲6）。

2　事業施行区間

事業施行区間は、「関越自動車道」と既に供用されている「東京外郭環状道路」との接続部である大泉ＪＣＴ（練馬区）から「中央自動車道」に建設予定の中央ＪＣＴ（三鷹市）を経て「東名高速道路」に建設予定の東名ＪＣＴ（世田谷区）に接続する約16・２kmとされている（別紙図面1。甲1、甲2）。

3　住宅地の「大深度地下」に設置

本件事業では、上記区間にあたる東京都練馬区、杉並区、武蔵野市、三鷹市、調布市、狛江市及び世田谷区の住宅地の地下40ｍまたは通常の建築物の基礎ぐいを支持することができる地盤（いわゆる支持地盤）の上面から10ｍを加えた深さのうちいずれか深い方の地下（いわゆる「**大深度地下**」）に、「**大深度地下の公共的使用に関する特別措置法**」（「大深度法」甲4）16条による国土交通大臣の認可を得て、直径約16ｍの３車線の高速道路本線トンネル２本を、現在世界最大級といわれている直径約16ｍのシールドマシンで、東名ＪＣＴ側から２本、大泉ＪＣＴ側から２本のトンネルを掘削し、中間点で結合することが計画されている（別紙図面1。甲1、甲2）。

4　各ジャンクション及びインターチェンジからの連絡路

また、この本線トンネルに上記各ジャンクション（以下「ＪＣＴ」という。）及び東京都道24号練馬所沢線（目白通り）、東京都道5号新宿青梅線（青梅街道）、東京都道14号新宿国立線（東八道路）とそれぞれ連結する地上部及び地下部の道路とインターチェンジ並びにランプトンネル（以下「**目白通りＩＣ**」、「**青梅街道ＩＣ**」、「**東八道路ＩＣ**」という。）、等を建設する。上記各ＪＣＴ及び各ＩＣと本線トンネルとの連結路は、地上から開削またはシールド工法で掘削し、大深度地下よりも上部の地下に設置されるため、地表部の土地からの住民の立退きと地下部の区分地上権の設定が必要となる（別紙図面1。甲2）。

5　地中拡幅部工事

さらに、上記連絡路は、東名ＪＣＴ北（南行及び北行）、中央ＪＣＴ南（南行及び北行）、中央ＪＣＴ北（南行及び北行）及び青梅街道ＩＣ北（南行及び北行）につきそれぞれ本線トンネルと地下40ｍ以下の場所で非開削工法により接合する工事（地中拡幅工事）が必要であるが、２０１５年（平成27年）６月に工事区域を拡張する「都市計画変更決定」がなされたものの、その工法は、これまでに施工例がなく、現時点においても確定していない（別紙図面４。甲３）。

第２　大深度法の概要

１　大深度法の制定及び立体的都市計画制度を新設する都市計画法改正

⑴　大深度法の制定及び施行「**大深度地下の公共的使用に関する特別措置法**」（以下「大深度法」という。）は、２０００年（平成12年）３月10日に法案が第１４７国会（通常国会）に提出され、同月２９日衆議院建設委員会、30日衆議院本会議で可決、さらに５月18日参議院国土・環境委員会、19日参議院本会議で可決、成立し、同月26日に平成12年法律第87号として公布され、翌２００１年（平成13年）４月１日から施行された。

⑵　立体的都市計画制度を新設する都市計画法改正

同じ第１４７国会（通常国会）には、２０００年（平成12年）３月15日、都市計画法11条に３項として以下の条項（いわゆる「立体的都市計画制度」）を追加する「**都市計画法および建築基準法の一部を改正する法律案**」が提出され、４月19日衆議院建設委員会、20日衆議院本会議で可決、さらに５月11日参議院国土・環境委員会、12日参議院本会議で可決、成立し、同月19日に平成12年法律第73号として公布され、翌２００１年（平成13年）５月18日から施行された。

「11条３項　道路、河川その他の政令で定める都市施設については、前項に規定するもののほか、適正かつ合理的な土地利用を図るため必要があるときは、当該都市施設の区域の地下又は空間について、当該都市施設を整備する立体的な範囲を都市計画に定めることができる。この場合において、地下に当該立体的な範囲を定めるときは、併せて当該立体的な範囲からの離隔距離の最小限度及び載荷重の最大限度（当該離隔距離に応じて定めるものを含む。）を定めることができる。」

この立体的都市計画制度は、上記大深度法が制定されたことに併せて、地下と地表部の適正かつ合理的な土地利用を図るために、地下に立体的な範囲を限って都市計画に定めることができるようにして、地表部の利用を制限しないようにすることを目的に都市計画法に新設されたものである。

2 大深度法の概要及び大深度地下使用認可の要件と環境保全への配慮事項

(1) 大深度法の基本構造

大深度法は、同法施行令1条で定める地表から40m以深の地下等（以下「**大深度地下**」という。）を、「公共の利益となる事業」（同法1条）のために、国土交通大臣または都道府県知事の認可を受けて使用することができる（同法10条、11条）と定め、地表の不動産の占有者が物件の明渡しを要しない場合には「具体的な損失」が生じない限りは補償をせずに使用できるものとしている（同法32条、37条）。

(2) 安全の確保及び環境の保全に対する特段の配慮義務

大深度法は、5条で、「大深度地下の使用に当たっては、その特性にかんがみ、安全の確保及び環境の保全に特に配慮しなければならない。」と規定し、6条1項で、「国は、大深度地下の公共的使用に関する基本方針（以下「基本方針」という。）を定めなければならないとし、同条2項で「基本方針」においては、次に掲げる事項を定めるものとしている。

一 大深度地下における公共の利益となる事業の円滑な遂行に関する基本的な事項
二 大深度地下の適正かつ合理的な利用に関する基本的な事項
三 安全の確保、環境の保全その他大深度地下の公共的使用に際し配慮すべき事項
四 前三号に掲げるもののほか、大深度地下の公共的使用に関する重要事項

すなわち、大深度法は、大深度地下の使用につき、

事業者に対してはもとより、認可権者である国土交通大臣及び都道府県知事に対しても、「安全の確保」と「環境の保全」に対する特段の配慮を義務付けている。

(3) 大深度地下使用認可の要件

そして、大深度法16条は大深度地下認可の要件として、申請に係る事業が次の一ないし七のすべてに該当することを求めている。

一 事業が第四条各号に掲げるものであること。

二 事業が対象地域における大深度地下で施行されるものであること。

三 事業の円滑な遂行のため大深度地下を使用する公益上の必要があるものであること。

四 事業者が当該事業を遂行する十分な意思と能力を有する者であること。

五 事業計画が基本方針に適合するものであること。

六 事業により設置する施設又は工作物が、事業区域に係る土地に通常の建築物が建築されてもその構造に支障がないものとして政令で定める耐力以上の耐力を有するものであること。

七 事業の施行に伴い、事業区域にある井戸その他の物件の移転又は除却が必要となるときは、その移転又は除却が困難又は不適当でないと認められること。

(4) 大深度地下の公共的使用に関する基本方針中の環境の保全に対する配慮

なお、大深度法6条に基づき2001年（平成13年）4月3日閣議決定された「**大深度地下の公共的使用に関する基本方針**」（甲12。以下「基本方針」という。）では、「Ⅲ 安全の確保、環境の保全その他大深度地下の公共的使用に際し配慮すべき事項」の「2 環境の保全」において、「地下水位・水圧の低下、地盤沈下等」を「特に配慮すべき事項」に掲げ、「個々の施設毎に詳細な調査分析を行い、計画、設計、施工、供用・維持の各段階で環境対策を検討していくことが必要である。」とし、具体的には、「地下水の取水障害や地盤沈下の影響が出ないよう」に、「地下水位・水圧低下の原因となる施設内への漏水に対して止水性（水密性）の向上を図る等の対応が必要」、「慎重に施工を行う必要がある」、「施設の設置により、地下水の流動に影響を与え、環境問題となるおそれのある場合には、シミュレーションを行う等事前に対策を行う必要がある」、「施設の施工時に大量の土砂を掘削した場合、地盤の緩み等が生じ地上へ影響を及ぼす可能性もあるため、地盤を変形・変位させないような慎重な施工を行うことが必要である」等と明記している。

(5) 大深度地下の公共的使用における環境の保全に係る指針

さらに、国土交通省は、2004年（平成16年）2月3日、大深度法6条の「基本方針」の安全及び環境に係る事項を具体的に運用するための指針として、「**大深度地下の公共的使用における環境の保全に係る指針**」（甲13。以下「**環境保全方針**」という。）を策定し公表した。

その第3章「環境の保全のための措置」において、大深度地下の使用にあたっては、

「施設の施工や、供用後の施設への地下水の漏水及び複数帯水層の連続化等により、事業区域及びその周辺において地下水位・水圧の低下が生じ、井戸の取水障害や湧水の枯渇、地盤沈下が発生する可能性がある。」

「施設の設置により地下水の流動が阻害されるため、事業区域及びその周辺において地下水位・水圧の変化が生じ、井戸の取水障害や湧水の枯渇、地盤沈下、他の地下施設への漏水等が発生する可能性がある。」

「施設の施工時に、大量の土砂を掘削した場合、周辺地盤の変位等が生じ、地上へ影響を及ぼす可能性がある。」

と述べ、必要な「調査」「検討」及び「環境の保全のための措置」を講じることとしている。

すなわち、「環境保全指針」は、事業者に対し、大深度地下の使用には以上のような環境への影響の可能性があることを想定しつつ、事業を計画、施工、供用・維持することを求め、認可権者である国土交通大臣及び都道府県知事に対しては、そのような影響を防止するための配慮及び措置が講じられているか否かにつき慎重に考慮して使用認可の可否を判断することを求めている。

(6) 大深度地下使用認可要件としての「環境の保全」への配慮

以上によれば、大深度法6条に基づいて閣議決定された「基本方針」及びこれを具体的に運用するための

指針として国土交通省が策定した「環境保全指針」に定められた「安全の確保、環境の保全その他大深度地下の公共的使用に際し配慮すべき事項」に事業が適合していなければ大深度地下の使用を認可することはできない。

第３　本件各処分

１　大深度法に基づく大深度地下使用認可処分

国土交通大臣は、大深度法16条に基づき、国土交通大臣、東日本高速会社及び中日本高速会社に対し、本件事業のために大深度地下を使用することを認可し（以下「**本件大深度地下使用認可**」という。）、その旨を２０１４年（平成26年）３月28日付国土交通省告示第３９６号をもって告示した（甲８）。

２　都市計画法61条に基づく都市計画事業承認及び認可

(1)　本件事業承認

本件事業につき、国土交通大臣は、２０１４年（平成26年）３月13日付で、都市計画法59条３項に基づき、国土交通大臣に対し、事業施行期間を２０１４年（平成26年）３月28日から２０２１年（平成33年）３月31日までとして都市計画事業の承認（国都計第１２０号）を行い（以下「**本件事業承認**」という。甲７）、２０１４年（平成26年）３月28日付国土交通省告示第３９５号をもって告示した（甲８）。

(2)　本件事業認可

また、本件事業につき、東京都知事は、２０１４年（平成26年）３月13日付で、都市計画法59条４項に基づき、東日本高速会社および中日本高速会社に対し、事業施行期間を２０１４年（平成26年）３月28日から２０２１年（平成33年）３月31日までとして都市計画事業の認可（25都市基街第２７０号）を行い（以下「**本件事業認可**」という。甲７）、２０１４年（平成26年）３月28日付東京都告示第４０７号をもって告示した（甲９）。

３　都市計画法63条に基づく都市計画事業変更承認及び認可

(1)　本件事業変更承認

その後、本件事業につき、国土交通大臣は、都市計画法63条1項に基づき、国土交通大臣に対し、事業施行期間を2014年（平成26年）3月28日から2021年（平成33年）3月31日までとして地中拡幅部の事業地の範囲を拡大する旨の都市計画事業の変更の承認を行い（以下「**本件事業変更承認**」という。）、2015年（平成27年）6月26日付国土交通省告示第810号をもって告示した（甲10）。

⑵ 本件事業変更認可

また、本件事業につき、東京都知事は、都市計画法63条1項に基づき、東日本高速会社および中日本高速会社に対し、事業施行期間を2014年（平成26年）3月28日から2021年（平成33年）3月31日までとして地中拡幅部の事業地の範囲を拡大する旨の都市計画事業の変更の認可を行い（以下「**本件事業変更認可**」という。）、2015年（平成27年）6月26日付東京都告示第1033号をもって告示した（甲11）。

第4 本件事業地とその近隣地域の現況および都市計画の概要

1 本件事業が施行される区市

本件事業の施行地域は、「関越自動車道」と「東京外郭環状道路」との接続部である大泉JCT（練馬区）から「中央自動車道」に建設予定の中央JCT（三鷹市）を経て「東名高速道路」に建設予定の東名JCT（世田谷区）に接続する全長約16・2km、JCT部を除き幅約40mの、東京都練馬区、杉並区、武蔵野市、三鷹市、調布市、狛江市及び世田谷区の住宅地を南北に縦断する帯状の地域と大泉、中央、東名の各JCTと目白通り、青梅街道、東八道路の各IC建設予定の地域である（別紙図面1。甲1、甲2、甲3）。

2 本件事業が施行される地域の都市計画

本件事業が施行される事業地は、東京都の都市計画によって第一種低層住居専用地域に指定された地域が、練馬区域では約50%、杉並区域では約90%、武蔵野市域では約90%、三鷹市域では約90%、調布市域では約90%、狛江市域では100%、世田谷区域では約70%と、全域にわたってほぼ第一種低層住居専用地域（その余も多くが住居地域）に指定されている（別紙図面6

〜12）。

3　本件事業が施行される地域の地形的特徴及び地下水脈

また、本件事業が施行される地域は、その多くが武蔵野台地東端の起伏の多い地域にあたり、その地下には、一帯に地表近くに水量の豊かな「浅層地下水」の帯水層があるほか、「深層地下水」の帯水層が極めて多層にわたって存在しており、本線の大深度トンネルもこれに地上から連結するランプウエイトンネルも全てがこれらの帯水層を貫いて土砂を掘削して施工されることが判明している（別紙図面2）。

また、このような「浅層地下水」の存在により、本件地域の地表には、北から三宝寺池、石神井池、善福寺池、井の頭池などの有数の池沼が点在し、白子川、石神井川、善福寺川、神田川、仙川、入間川、野川など多くの河川が横切っている。また世田谷区には同区が特別保護区に指定している「成城みつ池緑地」内にゲンジボタルが自生する成城みつ池もある。

本件事業が施行される地域は、豊富な水量を有する多数の帯水層に乗った地盤から成っており、地下の水脈の変化が地表部分の地盤や池沼、井戸等の水位、河川の流量の変動につながりやすい土地である。

第5　本件事業の問題性（本件各処分の違法性を基礎づける事実）

本項では、本件各処分の違法性を基礎づける事実となる本件事業の問題性を指摘する。

1　地下トンネル工事による地盤沈下の危険性

第1に、本件事業は、事業地及びその周辺地域において地盤沈下を生じさせる危険性があり、かつ、その発生を防止する措置が十分に執られていない。

(1)　各部の工事及び工法の概要

本件事業は、以下の工事から成っている（別紙図面1）。

①　関越自動車道大泉ＪＣＴと東名高速東名ＪＣＴとの間約16・2㎞の区間で、地表から40ｍ以下の地下において、片側3車線の本線トンネルを2本（南行き及び北行き）、大泉ＪＣＴ側から2機、東名ＪＣＴ側

から2機、計4機の直径約16mのシールドマシンで非開削式により掘り進み、中間点でそれぞれ接合する工事（本線トンネル工事）。

② 高架構造の関越道から高架橋と開削工法により本線トンネルまでの連結路及び目白通りＩＣを建設する工事。

③ 地表の青梅街道から北方向に開削工法で掘割構造の青梅街道ＩＣ（北側出入口のみのハーフインター）を建設し、シールド工法で本線トンネルまでの連結路を建設し、連結路と本線トンネルを大深度地下部分の地中拡幅工事により接合して一体化する工事。

④ 高架構造の中央高速から南北双方向に、それぞれ高架橋と開削工法及びシールド工法により本線トンネルまでのＪＣＴ及び東八道路ＩＣを建設し、連結路と本線トンネルを大深度地下部分の地中拡幅工事により接合して一体化する工事。

⑤ 高架構造の東名ＪＣＴから北方向に、高架橋と開削工法及びシールド工法により本線トンネルまでの連結路を建設し、連結路と本線トンネルを大深度地下部分の地中拡幅工事により接合して一体化する工事。

⑥ 上記各連結路の地表への出口付近にそれぞれ「換気所」を建設する工事。

(2) 地中拡幅工事の工法の不確定

しかし、上記(1)の③ないし⑤のうち、ＪＣＴ及びＩＣからの連結路と本線トンネルとを大深度地下において地中拡幅工事により接合する工事（以下これを特に「**地中拡幅工事**」という。）については、当初は過去に施工例のあるパイプルーフ工法及びＮＡＴＭ工法による断面が「馬蹄形」となる工法（別紙図面5の横浜環状北線、首都高速中央環状品川線など）が前提とされていたが、国土交通省等が設置した有識者による「東京外環トンネル施工等検討委員会」が検討の結果として施工上及び構造上の安全性の観点から断面が直径約30mないし40mの「真円形」となる形状への変更案（別紙図面4及び別紙図面5右上の図）を提示したため、工法そのものが見直しとなったものの、世界最大のシールドマシンは直径17mで、上記のような巨大な円形断面のトンネルを地中で非開削により建設した施工例は存在せず、未だ具体的な工法が確定しておらず、施工期間も工事費も不明であり、そもそも施工可能な工法の有無そのものも不明な状況である。

ちなみに、横浜環状北線では２０１３年（平成25年）からの地中拡幅部におけるトンネル湧水増加に伴って、工事に基づく周辺地域の地盤沈下を引き起こしている。また、首都高速中央環状品川線では、２０１２年（平成24年）８月下旬、「南品川換気所」において換気所の建物とシールドトンネルとを地中で連結する避難路をパイプルーフ・ＮＡＴＭ併用工法により非開削で施工していたところ、出水対策として行われた凍土工事の影響でシールドトンネルに対する土圧が異常に増加し、トンネル本体が崩壊に瀕するという重大事故が発生した。さらに、同年９月22日には、パイプルーフ工法により非開削で地中拡幅工事が行われていた「五反田出入口」の工事部において出水事故と地表の道路に「幅３ｍ程度、長さ５ｍ程度、深さ３ｍ程度」の陥没が生ずるという事故が発生した。

(3) シールド工法の危険性

ア　ところで、本線トンネルは直径約16ｍの「世界最大級の規模」のシールドマシンを用いて掘削することが予定され、既に２０１７年２月19日、東名ＪＣＴ側からの掘削が開始（「シールドマシン発進式」挙行）されたところである。
イ　しかしながら、シールド工法も未だ熟成途上の工法であり、本件事業地のように、地中に帯水層が多層にわたって存在する地中をシールドマシンにより掘削する場合は、当然、出水事故発生の可能性も否定できない。そして、これまでにも、シールドマシンによる地中掘削工事中に出水事故が発生した例が多数ある。
また、特に本件本線トンネル掘削用に建設された直径約16ｍもの巨大なシールドマシンによる施工例は、国内には存在せず、国内での過去の施工例は最大で直径14・14ｍのもの（東京湾アクアライン）があるだけであり、本件工事は未知の領域である。

しかも、２００１年（平成13年）６月に国土交通省が取りまとめた「大深度地下使用技術指針・同解説」では、その適用範囲は、トンネル径１５ｍ以内の単円シールドトンネルを対象としている。この適用範囲からはずれた施工の安全性についての明解な説明もない。
ウ　シールドトンネル工事中の事故の一例として、２０１２年（平成24）２月７日に、岡山県倉敷市において鹿島建設株式会社中国支店が施工していたシールドトンネルにおいて発生したトンネル内壁の損壊・水没により作業員5名が溺死した事故を挙げる。

トンネルの規模は、外径4・8m、内径4・5m、延長790mで、土被りは5・5mないし28m、セグメント（トンネル外殻のパーツ）はRC造り（鉄筋コンクリート造り）で5個のセグメントによりリングを構築し、合計557個のリングでトンネルを建設する予定であった。

原因は多岐にわたるが、特に、シールドマシンによる地中の掘進において線形管理が不適切で設計計画線から逸れたことやセグメントの強度が不足していたことは、シールド工法の未成熟さを示す重大な問題点である。

(4) 危険防止策の不備

しかるに、本件事業者は、本件事業におけるシールドトンネル工事の危険性を懸念する関係地域の住民からの質問や説明要求に対し具体的な説明をせず、これまでのシールドトンネル工事における事故の原因をふまえた危険防止策を考慮しているとは到底認められない。

そのため、本件事業においても、本線及びJCTやICからの連絡路の建設工事において行われるシールドトンネル工事につき、出水やトンネル崩落などによる地表部の地盤の沈下または陥没の危険性が否定し得ない。

(5)「世界最大級の難工事」である地中拡幅工事の危険性

さらに、本件事業者自身が、「世界最大級の難工事」と言い、また具体的な工法も未確定な「地中拡幅工事」については、一層大きな危険性がある。

前記(2)でも述べたように、過去の地中拡幅工事は、いずれもシールドトンネルを2本並列して掘削してから「パイプルーフ工法」または「NATM工法」により両トンネルの外殻を撤去しながら地中を掘削する方法により行われているところ、前記のとおり、横浜環状北線では2013年からの地中拡幅部工事に基づく周辺地域の地盤沈下が発生しており、首都高速中央環状品川線でも2012年に地中拡幅部における出水事故と地表部の陥没事故及びシールドトンネル崩落に至りかねない重大事故が発生している。

そのため、前記(2)でも述べたように、国が有識者をもって組織した「トンネル施工等検討委員会」において従来工法を見直し、断面が直径約30mないし40mの「真円形」となる形状への変更案（別紙図面4及び別紙図面5右上の図）を提示したのであるが、そのような大断面の円形トンネルを地中において非開削で施工した例は無く、未だに具体的な工法が確定しておらず、そもそも施工可能な工法の有無そのものも不明である。

したがって、そのような大断面の円形トンネルを地中において非開削で掘削する工事にはいかなる危険性があるのかが全く不明であり、工事中の出水やトンネル崩落などによる地表部の地盤の沈下または陥没の危険性を否定できないことは明らかである。

よって、本件事業における地中拡幅部工事は、その施工中および設置後の安全性に対する考慮がなされていない。

2　地下トンネル施設の設置による地下水脈の遮断と環境被害

(1)　地下水脈の流路変更による地盤沈下

地下トンネル施設の設置は、地表から約40m以深の大深度地下で長距離にわたって行われる。

その結果、地下トンネルが異なる帯水層を貫通して設置されるので（別紙図面2の地下水の状況参照）、異なる帯水層の連続化により、トンネル周辺部分にいわゆる「水みち」が形成され多量の地下水が集結する。

トンネル掘削というものは、地下に大河を1本造るようなものなのである。

それは専門家から「大深度地下空間が、左から右への地下水の流れに対して障害物になるので、地下水は大深度地下空間の下部を回り込む流れになっている。このことは、大深度地下空間が自然の地下水の流れを阻害し、しかもく（軀）体の外壁周辺で浸透流速が大きくなり、水みちができる可能性があることを意味している。」と指摘されているところでもある（陶野郁雄『大深度地下開発と地下環境』216頁　鹿島出版会）。

「水みち」が形成される結果、地下水位の上昇や低下、ひいては大規模な地盤沈下を招く。

因みに、都営地下鉄大江戸線全線では一日あたり

1万トン、八王子城跡トンネルでは一日あたり400トン、環状八号線井荻トンネルでは1日あたり60トンの地下水を放流していると言われている。

(2) **水位低下による池涸れ及び井戸涸れ**

前記のとおり、大深度地下の使用に当たっては、トンネル施設の施工中や供用後の施設への地下水の漏水及び複数帯水層の連続化等により、事業区域及びその周辺において地下水位・水圧の低下が生じる。

そして前記の「水みち」の形成は、トンネル周囲の地下水だけではなく、付近の池や川の水を引き込んでしまう。

本件外環トンネルに即していえば、三宝寺池、石神井池、井の頭池、善福寺池、成城みつ池、白子川、石神井川、善福寺川、神田川、仙川、入間川、野川等はその影響を受け、取水障害や池の枯渇が発生するおそれがある。

上記のことが分かる端的な例が東京―名古屋間で敷設されるいわゆる「リニア新幹線」の例である。着工前の環境アセスで、静岡県の大井川の下をリニア新幹線のトンネルが通ることにより、毎秒2トン一日20万トンの地下水が大井川から消滅していくと報告されている（中央新幹線（東京都・名古屋市間）環境影響評価準備書）。大井川と地下トンネルとの距離は約300メートルあるにもかかわらずである。

また、大阪府の箕面の滝の例がある。箕面の滝の背後の山中の箕面グリーンロードという道路のトンネル掘削により、箕面の滝の上流の川が涸れ、トンネルへの湧水を年間3000万円もの電気代を支払ってポンプで戻して辛うじて滝らしく見せかけている。

このように、外環トンネル建設により、水みちが形成され、周囲の池や川が枯渇するおそれがある。

3　**環境影響評価の不適切性**

(1) **大気汚染（自動車走行および換気塔供用に係る二酸化窒素濃度）の増大**

ア　東京都の「環境影響評価書」（被告東京都作成平成19年3月）には、本件事業地における自動車走行と換気所供用にかかる大気中の二酸化窒素濃度の現状調査結果と、本件事業完成後の予測値が掲げられている。

すなわち、本件事業完成後の「平成32年の予測結果」として、東名JCT周辺、中央JCT、東八道路IC周辺、青梅街道IC周辺、大泉JCT、目白通りIC周辺における自動車走行に係る二酸化窒素濃度が、「1時間値の1日平均値の年間98%値」で0・040～0・056になると予測されている（上記「環境影響評価書」の表9・1・1―33（1））。

また、「平成42年の予測結果」も同じく0・040～0・051になると予測されている（同表9・1・1―33（2））。

イ　これは、本件事業を実施した場合、本件事業地の境界近傍における二酸化窒素濃度が現状の約1・5倍～2倍に増加するとの予測であり、事業地との境界付近に住居を有する原告らに対して明白に大気汚染被害を増大させるものである。また、その予測値自体がいかなるデータを用いて算定されたのかについて、同評価書においては具体的に明らかにされていない。

⑵　**地下水位の変動**

ア　**浅層地下水**

開削部において、浅層地下水が遮断されることにより地下水位に変動が生じる（別紙図面2参照）。

これにより、湧水量、河川流量、井戸の水位への影響及び河川沿いの沖積地盤の地盤沈下、動植物への影響を生じることが予測される（「環境影響評価書」9―5―42）。

同評価書では、「開削箇所において、浅層地下水を対象とした環境保全措置の検討を行います」とあるが、「環境保全措置」とされる地下水流動保全工法の効果については、「効果の不確実性はありません」と記載されているが（同9―5―48表9・5、1―21）、きわめて不確実性が高い。

現に、環状8号線井荻トンネルでは、集排水管の目詰まり等によりトンネル両側（上流・下流）の水位差の回復ができない状態が続いている。

イ　**深層地下水**

予測の結果、「深層地下水の水圧の低下量は約1kPa～13kPaとわずか…」「深層地下水は保全されると予測されるため、環境保全措置の検討は行わないこととしました」（同9―5―44）とあるが、低下量が上記の通り「わずか」であるかについての根拠資料はない。

(3) 地盤変動

ア 道路及び換気所の存在に係る地下水位の低下に伴う地盤沈下の予測

環境影響評価書では、浅層地下水位の水位低下量は、東名ジャンクション周辺で約0・2m、中央ジャンクション周辺及び東八道路インターチェンジ周辺で約0・9m、大泉ジャンクション周辺及び目白通りインターチェンジ周辺で約1・2mとされている（「環境影響評価書」9―7―9）。

また、都市計画対象道路事業実施区域沿いは、市街化された住宅地が主体で、主たる対象は戸建の建物であり、建築物の許容最大沈下量20㎜と比較して中央ジャンクション周辺及び東八道路インターチェンジ周辺、大泉ジャンクション周辺及び目白通りインターチェンジ周辺における解析結果は基準値を超えているから、地盤沈下を防止するため、環境保全措置の検討を行うとされている（同）。

しかしながら、具体的に如何なる環境保全措置が実施されるのか不明であり、基準値を超える地盤沈下の危険性がある。

イ 掘削工事、トンネル工事の実施に係る地盤沈下

(ア) 前掲環境影響評価書では、「トンネル工事による地盤沈下は、トンネルが地下深部を通るシールド工法により施工し、深層地下水の最大低下量は約13kPaで、現状の土被り圧よりも約12～13kN／㎡応力が増加する程度であるので、地盤沈下は生じないと予測されます。」とされている（「環境影響評価書」9―7―13）。

(イ) 他方、同予測結果によると、中央ジャンクション及び東八道路インターチェンジ、大泉ジャンクション及び目白通りインターチェンジの各開削区間近傍の河川沿いの沖積低地において、掘削工事、トンネル工事の実施により、浅層地下水に変動が生じ、地盤沈下が生じると判断されるとされている。

(ウ) ところが、「地盤沈下対策のために、工事中においても地下水流動保全工法を採用することにより、地下水位が保全されるため、掘削工事、トンネル工事の実施に伴う地盤沈下は、建築物の許容最大沈下量20㎜以内におさまります。」（同9―7―15）とされているが、許容最大沈下量20㎜以内に収まることの科学的根拠が

なんら示されていない。

4　事業区域内及びその周辺の不動産の財産価値の低下

(1)　本件事業地とその周辺地域は、武蔵野丘陵の東端部の台地で、その多くが東京都の都市計画によって第一種低層住居専用地域に指定され、その余も第二種低層住居専用地域、住居地域等の主として住宅の建築を用途とする地域に指定されており、実際にも一戸建を主とする低層の建物が整然と立ち並んでいる良質な住宅地である。かかる良質な住宅街に所在する土地は、その環境ともあいまってその資産価値を形成している。

(2)　しかるところ、本件事業が施行された場合、本件事業地にあたる土地は、その地下に直径約16mの外環道の本線トンネル、JCT及びICから本線トンネルまでのランプウェイトンネル及び本線トンネルとランプウェイトンネルとの接合部の直径が約30～40m（さらにトンネルの外側に薬液注入により止水域を設ける）で長さ約400mに達する巨大な円筒状の地中拡幅部の構造物が半永久的に設けられ、そのために本件事業地とその近隣の土地では、本件トンネルの存在による地中水脈と地下水位の変動による地盤沈下、陥没などの被害が発生する危険性があり、また少なくともその懸念は否定し得ない。そして、本件事業地を売買する場合、売主である所有者は買主に対し、本件事業による地下構造物が存在することを「重要事項」として説明しなければならず、また説明するまでもなく公知の事実として、本件事業とその周辺地域の土地は、上記のような良質な住宅地として有する価値が著しく減損し、その財産的価値、すなわち地価や建物価格そのものが大きく下落することが確実である。

5　都市計画との不適合

(1)　都市計画法9条は、地域の都市計画につき、次のとおり定めている。

第一種低層住居専用地域（同条1項）

「低層住宅に係る良好な住居の環境を保護するため定める地域」

第二種低層住居専用地域（同条2項）

「主として低層住宅に係る良好な住居の環境を保護

するため定める地域」

第一種住居地域（同条5項）

「住居の環境を保護するため定める地域」

第二種住居地域（同条6項）

「主として住居の環境を保護するため定める地域」

(2) 本件事業地とその周辺地域は、その大部分が東京都の都市計画によって第一種低層住居専用地域に指定され、その余も第二種低層住居専用地域、住居地域等の主として住宅の建築を用途とする地域に指定され、基本的に「低層住宅」を主体とする良好な住宅地を形成する都市計画を定め、当該地域において「良好な住居の環境を保護する」こととしているのである。

ところが、本件事業は、上記地域地区の都市計画の定めを全く無視し、むしろそれに反する状況を本件地域に持ち込むものにほかならず、明らかに本件地域の都市計画に適合していない。

6 地中拡幅部の工法が不確定であることによる事業施行期間の不適切性

(1) 本件地中拡幅部の工事は、市街化された地域の地下部において大規模な非開削による切り拡げ工事を行うもので、その方法は、本件事業承認・認可の時点では、JCTまたはICから本線トンネルへの連結路をシールド工法で掘削し、本線のシールドトンネルと併設し、その後両トンネルの周囲を地中で切り拡げた上で、両トンネルの隔壁を撤去して本線と連結路とを結合するというもので、その部分の断面が「馬蹄形」のトンネルになるよう切り拡げる計画であった。

しかるに、国が有識者をもって組織した「東京外環トンネル施工等検討委員会」の検討により、地中拡幅部の工事につき「より確実な安全性や健全性の確保」のために、上記工法が見直され、同委員会から断面が「円形」となるよう切り拡げることが提案され、2015年（平成27年）3月、本件都市計画につき地中拡幅部の範囲を変更する決定がなされ、同年6月、本件事業変更承認・認可がなされた。

(2) しかしながら、2本のシールドトンネルの周囲を、地下40m以下の地中において、非開削で、断面が「円形」となるよう切り拡げる工事は前例となる施工例が無く、しかも提案された切り拡げ部分は直径が30

ｍにもなると想定されており、未だに具体的な工事方法が確定していないことは、本件事業者自身も認めている。

すなわち、本件事業承認・認可及び本件事業変更承認・認可は、地中拡幅部の工法が未確定であり、事業施行期間や事業費の予測が全くできない状況であるにもかかわらず「見切り発車」で強行されたものであり、その違法性は顕著である。

7　事業地を表示する図面の不正確性

(1)　都市計画事業認可等申請書に添付すべき図面

都市計画法60条3項は、同条1項の都市計画事業認可等の申請書に、「事業地を表示する図面」（同項1号）を添付しなければならないと規定しており、当該条項を受けて国土交通省令で定めた同法施行規則47条一号ロは、「縮尺2500分の1以上の実測平面図」を添付し、「収用の部分」と「使用の部分」を着色して図示することを求めている。

(2)　本件認可等申請書に添付された「事業地を表示する図面」

ところが、本件認可等申請書に法60条3項1号に基づく「事業地を表示する図面」として添付された図面は、現場での「実測」に基づいて作成された平面図ではなく、国土交通省の東京外かく環状国道事務所の説明によれば、「航空測量」で作成された平面図であるとのことである。

しかし、航空測量は、高低差150㎜の誤差があり、さらに水平方向の位置の精度は、高さの誤差以上の誤差がある。

(3)　都市計画法60条3項1号、同法施行規則47条の立法趣旨

都市計画法および同法施行規則で事業認可等の申請書に「実測平面図」の添付を要求している趣旨は、認可を求める事業の事業地として「収用」ないし「使用」する土地の範囲を明確に示すためである。それは、都市計画事業として認可されれば、事業地内の土地につき、譲渡制限が課され、最終的には収用を強制できるという法的効果をもたらすので、国民の財産権を制限・侵害することになるため、財産権の保障を定めた憲法29条の趣旨に実効性を持たせるには、事業地の範

囲を正確に特定すべきだからである。

(4) **本件認可等の申請書には法60条1項の「事業地を表示する図面」が欠落**

したがって、水平方向150㎜以上の誤差のある「航空測量」によって作成された平面図は、都市計画法施行規則47条にいう「実測平面図」には該当しない。よって、本件認可等申請手続きは、法60条3項1号に基づく「事業地を表示する図面」の添付がなされずに行われたものである。

8 大深度法の無補償原則と財産権の侵害

(1) 土地所有権の及ぶ地下の範囲

土地所有権の及ぶ範囲については、民法207条で、「土地の所有権は、法令の制限内において、その土地の上下に及ぶ。」とされており、大深度地下にも土地所有権は及んでいると解される。

(2) 大深度地下に対する使用権設定の補償に関する大深度法の原則

しかるところ、大深度法は、大深度地下は「建築物の地下室及びその建設の用に通常供されることがない地下の深さとして政令で定める深さ」(大深度法2条1項1号)または「通常の建築物の基礎ぐいを支持することができる地盤のうち最も浅い部分の深さに政令で定める距離を加えた深さ」(同2号)のうちいずれか深い方より深い地下であるから、「通常は補償すべき損失が発生しない」との考え方を前提にして、大深度地下については事前に補償を行うことなく使用権を設定することができるものとし(同法10条以下)、例外的に補償すべき具体的な損失がある場合(同法37条、32条、25条)には、使用権設定(大深度地下使用認可の告示の日)から「1年以内」に限り、土地所有者等から事業者に対し、「損失の補償を請求することができる」ものとされている(同法37条)。

〔参照法令〕

大深度法第37条　第32条第1項に規定する損失のほか、第25条の規定による権利の行使の制限によって具体的な損失が生じたときは、当該損失を受けた者は、第21条第1項の規定による告示の日から1年以内に限り、認可事業者に対し、その損失の補償を請求することができる。

同第32条　認可事業者は、前条の規定による物件の引渡し等により同条第1項の物件に関し権利を有する者が通常受ける損失を補償しなければならない。

同第31条　認可事業者は、事業の施行のため必要があるときは、事業区域にある物件を占有している者に対し、期限を定めて、事業区域の明渡しを求めることができる。

同第25条　第21条第1項の規定による告示があったときは、当該告示の日において、認可事業者は、当該告示に係る使用の期間中事業区域を使用する権利を取得し、当該事業区域に係る土地に関するその他の権利は、認可事業者による事業区域の使用を妨げ、又は当該告示に係る施設若しくは工作物の耐力及び事業区域の位置からみて認可事業者による事業区域の使用に支障を及ぼす限度においてその行使を制限される。

すなわち、これらの大深度法の規定によれば、大深度地下使用の認可により使用権が設定された土地については、法32条によって期限を定めて土地の明渡しをさせられた者が受けた損失と法25条による大深度地下使用権のため土地の権利の行使が制限されたことにより生じた具体的な損失についてのみ、使用認可の告示から1年以内に土地に対するその他の権利者から補償請求があったときに限り補償するものとされており、原則として無補償で他人が所有する土地の大深度地下を使用できるものとされている。

(3) 大深度法の無補償原則の不当性

① ところで、憲法29条は、1項「財産権は、これを侵してはならない。」、2項「財産権の内容は、公共の福祉に適合するやうに、法律でこれを定める。」、3項「私有財産は、正当な補償の下に、これを公共のために用ひることができる。」と規定しており、前記(1)で指摘したとおり、民法２０７条は、「土地の所有権は、法令の制限内において、その土地の上下に及ぶ。」とし、地表から40m以深の地下についても、土地の所有権が及ぶと解されている。

そして、大深度地下法も、それを前提に立法されており、大深度地下に土地所有権が及ばないと法定したり、大深度地下について一般的に私権を制限する旨法定したものではない。

すなわち、大深度法の制定後も、土地の所有権は大深度地下にも及ぶものと解される。

したがって、大深度地下使用の認可によって他人の所有地の大深度地下に使用権が設定された場合、その区域はもとよりその上部の地下や地上部についても土地の所有権が制限されるのは明白である。

② また、前記1ないし7で指摘したように、大深度地下使用権が設定された土地は、地上部についても重大な悪影響が及ぶ可能性があり、その結果土地の客観的価値が低下することが十分想定される。

③ しかるに、大深度法は、大深度地下使用認可によって、正当な補償の措置をせずに大深度地下の使用権を当該土地に設定するものであり、明らかに個人の財産権を正当な補償なく侵害するものである。

9 都市計画法11条3項に基づく立体的都市計画の欠落による土地の権利制限

(1) 本件事業は、2007年（平成19年）4月19日の都市計画変更決定に基づき、国土交通大臣の承認と東京都知事の認可を受けた都市計画事業として施行されるとともに、大深度法4条12号により大深度地下法の適用を受けて国土交通大臣の大深度地下使用認可を得て施行されている。

(2) ところで、大深度法（平成12年法律第87号）が制定された第147回国会と同じ国会において行われた「**都市計画法および建築基準法の一部を改正する法律**」（平成12年法律第73号）は、前記第2で述べたように、地下と地表部の「適正かつ合理的な土地利用」を図るために、都市計画法に11条3項としていわゆる「立体的都市計画」の制度を新設した。この立体的都市計画制度は、上記大深度法の制定と同時期に導入されたという経緯からも明らかなように、大深度法を原則として土地所有者に対する補償なしに大深度地下使用権を設定できるものとして立法したことに伴い、都市計画の範囲を地下に「立体的な範囲を限って」定めることによって地表部の利用を制限しないことができるように設けられたものである。

(3) また、本件事業の事業主体である（大深度地下使用の認可権者でかつ本件都市計画事業の承認権者でもある）国土交通省は、本件事業について、本線トンネルが大深度地下に設置されるため地上に影響が生じないものであるとし、住民に対する説明においてもその旨を強調して関係住民の了承を得ようとしてきた。そして国土交通大臣ほかの事業者が２０１４年（平成26年）４月に作成し、頒布したパンフレット「東京外かく環状道路［関越～東名］」（甲１）においても本線トンネルのみが設置される事業地について「立体都市計画の対象」及び「立体的な範囲を定める区間」と明記していた（別紙図面１下段断面図最下段参照、甲１Ｐ４～５）。

(4) ところが、前記第１の１でも述べたが、本件事業については、この都市計画法11条3項に基づく「立体的な範囲」の都市計画は定められていない（甲６）。

その結果、本件事業地においては、地上部についても、都市計画法53条ないし56条の建築規制（許可制）及び同法57条の４の先買権の行使による利用制限を受けている。

〔参照法令〕

都市計画法第53条1項　都市計画施設の区域又は市街地開発事業の施行区域内において建築物の建築をしようとする者は、国土交通省令で定めるところにより、都道府県知事等の許可を受けなければならない。

(5) しかるに、本件事業による本線トンネル設置予定地の所有者は、大深度法上は原則として当該事業区域内の土地所有者は補償を受けられず、かつ都市計画法上も何らの補償も受けられない。

すなわち、都市計画事業が大深度地下使用認可を得て行われる場合は、都市計画法11条３項による「立体的都市計画」が定められない場合は、大深度地下使用認可の対象となった事業地の土地所有者は、その所有地につき都市計画法上の使用制限を受けることになり、原則無補償で行なわれる大深度法に基づく大深度使用認可は、正当な補償がなされない違法な財産権侵害である。

10　本件事業の必要性・公益性の不存在及び高額な事業費

さらに、以下のとおり、本件事業は必要性が乏しく、その一方で事業費が高額で、さらにどれだけ増大するかが全く明確になっていないのであり、必要性及び公益性が認められない。

(1) 本件事業者が本件事業整備の効果として最も重視してきたのが「環状8号線」の交通量の減少による「慢性的な渋滞」の改善である。本件事業者のパンフレット（甲1）によれば、東名ＪＣＴと大泉ＪＣＴとの間を「環状8号線」を経由した場合に比して「約60分」から「約12分」へと「大幅な短縮が見込まれる」ことであった（Ｐ7）。国交省によれば、その場合の「環状8号線」の交通量減少率は「約1～2割」と説明されてきた。また「渋滞の解消」に伴う効果として、通行車両の燃費と排出二酸化炭素の低減も期待されると説明されていた。（Ｐ6～7）

(2) ところが、２０１０年の交通センサスによれば、「環状8号線」の交通量は、１９９９年から２０１０年までの間に、１２か所の測定地点のうち8地点で減少し、そのうち2地点では3割以上、５地点では1割以上減少しており、交通量の減少傾向は２０１０年以降も続いている。

またそもそも上記の予測は、「圏央道」及び「首都高速道路中央環状線」の未開通区間があり全線開通していない時点での試算であるところ（甲1表紙参照）、２０１５年3月に「首都高速道路中央環状線」が大橋ＪＣＴ（首都高渋谷線）から大井ＪＣＴ（首都高湾岸線）まで供用開始され全線開通し、さらに２０１５年10月には「圏央道」の海老名ＪＣＴ（東名高速）から久喜白岡ＪＣＴ（東北自動車道）まで開通したことにより、神奈川方面、山梨方面、埼玉方面から都内に流入し通過する自動車の量自体も大幅に減少し、「環状8号線」の「慢性的な渋滞」はほぼ解消している。

(3) したがって、「環状8号線」は、１９９９年から２０１０年までの交通量の減少と２０１５年中の「首都高中央環状線」の全線開通および同年10月の「圏央道」の東名高速から東北自動車道までの区間の開通によって、既にその交通量減少率は当初の目標に達しており、外環道の本件区間整備の最大の目的は消滅しているのである。

(4) よって、本件事業の必要性及び公益性は、ほぼ消失しているということができる。

(5) これに対し、本件事業に要する事業費は、本件事業承認・認可時の「資金計画書」によれば総額1兆２８２０億円（工事費９５１３億円、用地費及び補償費等3307億円）、本件事業変更承認・認可時の「資金計画書」によれば総額1兆3731億円（工事費1兆0404億円、用地費3329億円）とされている。

しかも、上記変更後の「工事費」には、次項で述べる「地中拡幅工事」を当初の工法から変更したことによる増加費用は、変更後の工法そのものが不確定であるためこれには含まれていない。

(6) すなわち、本件事業は、「環状8号線の慢性的な渋滞の解消」を主たる目的として計画されたものであるが、2010年（平成22年）時点で「環状8号線の慢性的な渋滞」は既にほぼ解消し、その後も2015年（平成27年）中には「首都高中央環状線」の全線開通と「圏央道」の東名高速から東北自動車道までの区間の開通が予定され、「環状8号線の慢性的な渋滞」は解消することが現実性をもって予測されていたのである。従って、その上でなお、事業費が約1兆3000億円からいくら増加するか予想もつかず、さらに本件事業区域の地上の住宅街に極めて重大な損害を発生させる危険性も想定される状況において強行すべき必要性及び公益性は到底認められない。

第6　本件各処分の違法性

前記第5で指摘したように、本件事業に関しては、多くの法律上及び事実上の問題が存在し、それらは本件各処分を違法とするものである上に、その違法性は重大なものであり、いずれの違法事由のみでも本件各処分を無効とするとともに、処分取消しの事由となる。

以下、1で2014年（平成26年）3月28日付の本件大深度地下使用認可、2で2007年（平成19年）4月19日付の本件都市計画変更決定（地下化）、3で2014年（平成26年）3月13日付の本件都市計画事業承認・認可及び2015年（平成27年）6月26日告示された本件都市計画事業変更承認・認可（地中拡幅部変更）の順に、それぞれの違法性を整理して主張する。

1　本件大深度地下使用認可の違法性

(1) 大深度法の違憲性（憲法29条違反）（前記第5の8）

大深度地下法は、事業区域内の土地について、原則として無補償でその大深度地下の使用権を事業者に付与することができるものとしているところ、そのような法令自体が、憲法29条に違反し無効である。

したがって、大深度法に基づいて国土交通大臣が行った本件大深度地下使用認可も当然無効であり、かつ処分取消事由となる。

以下詳論する。

① 憲法29条の趣旨（財産権の保障）

財産権はこれを侵してはならない（憲法29条1項）。すなわち、個人が現に有する財産権の不可侵は憲法上保障されている。その規制は、法律による規制（公共の福祉による規制）と公的収用という二つの制約しかありえず、それ以外に制約を受けることはないし、受けてはならない。そして公的収用の場合には正当な補償をなすべきものとされる（同29条3項）。

財産権には、当然物権（所有権）が含まれ、「これを侵してはならない」とは、剥奪することはもとより個人の所有する財産の価値に対して正当な理由のない減損を与えてはならないことも含まれる。

土地の所有権（または使用権）を収用する場合、収用の前後を通じて被収用者の財産価値を等しくならしめるよう補償することが要求されているのはそのような趣旨からであり（最一小判昭和48・10・18民集27・9・1210）都市計画事業のために土地の所有権（または使用権）を収用する場合であっても何ら異なるものではない（東地判平成10・12・25　判例地方自治193・85）。

② 土地所有権の及ぶ範囲

前記第5の8で指摘したとおり、民法207条は、「土地の所有権は、法令の制限内において、その土地の上下に及ぶ。」とし、地表から40ｍより深い地下についても、土地の所有権が及ぶと解されている。

そして、大深度法の制定後も、土地の所有権は大深度地下にも及ぶものと解される。

③ 大深度地下使用権に伴う土地の利用の制限及び地上部への影響

ところが、他人が所有する土地の大深度地下に使用権を設定した場合、当該使用権が設定された地下の区域それ自体について土地所有者による使用が制限されるのは明らかである上、その上部及び下部の地下部分や地上部分についても土地の使用方法が制限されることになる。

④ 大深度地下使用権の行使に伴う土地の地上部への影響

また、前記第5の1ないし7で指摘したように、大深度地下使用権が設定されその使用が行われた場合は、地上部に地盤沈下等の重大な悪影響が及ぶ可能性があり、そのために当該土地の客観的価値または交換価値が低下する。

⑤ 事業区域外の土地に対する影響

ところで、本件事業区域外の土地を所有する者は、本件各処分により直接自己の所有する土地についての権利が制限され、あるいは公的収用等を受けるわけではない。しかしながら、前記のとおり、本件事業が施行されることにより、自己の住居から近接する本件事業区域の地下において大規模なシールドトンネル建設工事や地中拡幅工事が施工され、または自宅の眼前ないしきわめて至近に巨大な高架構造または掘割構造のJCTないしIC及び換気塔が設けられることにより、365日間毎日24時間にわたり多数の自動車の走行による騒音、振動、大気汚染に曝されることになる。

その結果、それらの者が所有する土地及び建物の資産としての客観的価値または評価額は、大深度地下使用認可が無い場合に比べて著しく低下し、重大な損失を被る。

⑥ 無補償の原則と大深度法の違憲性

ところが、大深度法によって自己が所有する土地の大深度地下に使用権が設定された土地の所有者や近接する土地の所有者は、この大深度地下使用認可に伴う上記の不動産の価値の減損について、原則として一円の補償も受けられない。

すなわち、大深度法は、大深度地下使用認可によって正当な補償をせずに他人の土地に大深度地下の使用権を設定するものであり、明らかに個人の財産権を正当な補償なく侵害するものである。

これは、まさに公権力によって、個人が現に有する財産権を一方的に侵害し、特別の財産上の犠牲を課すものである。

現行の大深度法は、原則として個人の財産権を正当な補償をすることなく侵害する内容を有しており、日本国憲法29条1項ないし3項に違反するから法令自体違憲である。

よって、現行大深度法に基づいてなされた本件大深度地下使用認可処分は、その違法性が重大であるから無効であり、かつ処分取消事由がある。

(2) 大深度法16条5号違反（基本方針との不適合：第2、第5の1〜3）

大深度法16条は、大深度地下使用認可の要件として、申請に係る事業の事業計画が、同法6条に基づいて国が定めた「大深度地下の公共的使用に関する基本方針」（基本方針）に適合すること（5号）を要するものとしている。

しかしながら、本件事業の事業計画は、以下に述べるように、2001年（平成13年）4月3日に閣議決定された「基本方針」に適合していない。

① 基本方針が定める環境の保全につき配慮すべき事項

「基本方針」は、大深度法5条が「大深度地下の使用に当たっては、その特性にかんがみ、安全の確保及び環境の保全に特に配慮しなければならない。」と規定していることを受けて、「環境の保全」に関して「特に配慮すべき事項」として「地下水位・水圧の低下による取水障害・地盤沈下」、「地下水の流動阻害」及び「施設設置による地盤変位」について定めており、さらに国土交通省は、「基本方針」の安全及び環境に係る事項を具体的に運用するための指針として2004年（平成16年）2月3日「大深度地下の公共的使用における環境の保全に係る指針」（環境保全方針）を定め、その第3章において「環境の保全のための措置」を具体的に定めている。以上の詳細は、前記第2の2⑷及び⑸で指摘したとおりである（甲12第11ないし12丁、甲13P4〜8）。

② 「環境の保全」に対する配慮の欠如

しかるところ、本件事業計画は、前記第5の2で指摘したように、地下トンネル施設の設置による地下水脈の遮断ないし流路変更による地盤沈下及び池涸れや井戸涸れが生じる可能性があるにも関わらず、具体的な保全措置が考慮されておらず、前記第5の1で指摘したように、地下トンネル施設の建設工事自体による出水や構造物の崩壊による地盤沈下が生じる可能性があるにも関わらず、具体的な保全措置が考慮されていない。

これは、本件事業計画が上記「基本指針」に適合していないことを意味し、本件大深度地下使用認可は、大深度法16条（5号）に違反し、違法である。

③ 環境影響評価の不適切性

さらに、「基本方針」は、「Ⅲ　安全の確保、環境の保全その他大深度地下の公共的使用に際し配慮すべき事項」（甲12第8丁）の「2　環境の保全」（同第10丁）で、「環境影響評価法（平成9年法律第81号）又は地方公共団体の条例・要綱に基づく環境影響評価手続を行うことにより、環境への影響が著しいものとならないことを示」すことが必要としている。

本件事業に関して東京都は環境影響評価を行ったと言うが、2007年（平成19年）3月に作成した環境影響評価書では、大気汚染、地下水位の変動、地盤変動等について、いずれも環境への影響が著しいものとはならないと評価しているが、前記第5の3で指摘したように、そのいずれについても判断の基礎となる測定データが不明であり、その結果「予測の結果」は「環境への影響が著しいものとならないことを示」すものとなっていない。

したがって、本件事業は、上記「基本方針」に適合していると認めることはできず、本件大深度地下使用認可は、大深度法16条（5号）に違反し、その違法性が重大であるから無効であり、かつ処分取消事由がある。

(3) 大深度法16条4号違反（事業者の能力不足：第5の1～3及び6）

大深度法16条は、大深度地下使用認可の要件として、申請に係る事業の事業者が「当該事業を遂行する十分な意思と能力を有する者であること。」（4号）を要するものとしている。

しかしながら、本件事業の事業者である国土交通大臣、東日本高速会社及び西日本高速会社は、大深度法5条で「大深度地下の使用に当たっては、その特性にかんがみ、安全の確保及び環境の保全に特に配慮しなければならない。」と規定しているにもかかわらず、本件事業の「安全の確保及び環境の保全」に関する疑義や問題点（前記第5の1ないし3）に対する関係住民らの説明要求や質問に対し、具体的な内容の説明をすることができず、さらに地中拡幅部の工法に至っては未だに具体的な工事方法が確定していないことは事業者自ら認めているほどであって（前記第5の6）、到底上記事業者らが「当該事業を遂行する十分な意思と能力を有する者」であるとは認め得ない。

したがって、本件大深度地下使用認可は、大深度法16条（4号）に違反し、その違法性が重大であるから無効であり、かつ処分取消事由がある。

(4) 大深度法16条3号違反（公益上の必要性の不存在：第5の10）

大深度法16条は、大深度地下使用認可の要件として、申請に係る事業が「大深度地下を使用する公益上の必要があるものであること。」（3号）を要するものとしている。

しかしながら、前記第5の10で指摘したように、本件事業者が本件事業整備の効果として最も重視してきた「環状8号線」の交通量の減少による「慢性的な渋滞」は既に解消しており、その一方で事業費は、本件都市計画事業承認・認可時に予定していた「1兆2820億円」から本件都市計画事業変更承認・認可時には「1兆3731億円」へと911億円も増大しており、しかも地中拡幅部の工法が確定していないことから工事費が今後どれほど増大するのかについては全く不明な状況である。

本件事業は、国が資金の大半（既に1兆0367億円。さらに今後の地中拡幅部変更で増額する工事費（不明）。）を負担することとされているが、これは国民の税金が投入されるのであるから、事業の「必要性」、「公益性」は、必要な経費との相関で判断されるべきものである。しかるに、今後費用がどれほど増大するのかが全く不明であっては、事業の「必要性」も「公益性」も判断し得ない。

したがって、本件大深度地下使用認可は、「大深度地下を使用する公益上の必要がある」と認め得ないのであり、大深度法16条（3号）に違反し、その違法性が重大であるから無効であり、かつ処分取消事由がある。

(5) 本件都市計画事業への大深度地下法適用の違憲性（第5の9）

本件大深度地下使用認可は、都市計画事業として施行される「東京都市計画道路事業都市高速道路外郭環状線事業」のうち大深度地下に設置される本線トンネルの施工及び供用のために大深度法を適用してなされた処分である。

しかるに、現行大深度法による大深度地下使用認可は、前記(1)でも指摘したように、他人の土地の大深度地下部分につき使用権を一方的に設定するにもかかわらずそのことに対する補償は原則として行わないこととされている。その無補償原則自体が憲法29条に違反することは前記(1)で指摘したとおりである。

ただし、それを別にしても、土地所有者に対する補償を原則として行わないことの論拠を、国は、大深度地下の使用によりその上部の地下部分や地上部分には影響が及ばないためと説明している。

ところがその説明を前提としたとしても、本件事業区域については、都市計画法11条1項及び2項に基づく道路の都市施設の都市計画変更決定がなされているところ、それには本件都市計画事業の事業地を定めながら、同条3項による「立体的な範囲」（立体的都市計画）が定められていない。その上、当該都市計画変更決定の事業地について、本件都市計画事業承認・認可及び本件都市計画事業変更承認・認可がなされている。

そのため、本件大深度地下使用認可の事業区域の土地は、地上部についても、都市計画法53条ないし56条の建築規制（許可制）及び同法57条の4の先買権の行使による利用制限を受けている。このことについては、前記第5の9で詳論したとおりである。

すなわち、本件都市計画事業に大深度法を適用し、大深度地下使用認可によって大深度地下の使用権が設定されたことによって、本件事業区域の土地は、都市計画法に基づく地下の使用権（区分地上権など）の設定に対する補償は受けることがなくなり、他方、大深度法に基づく使用権設定が原則として無補償であることは前記のとおりであって、対象土地の所有者は、現に都市計画法上の使用制限を受けているにもかかわらず、どこからもその「正当な補償」が受けられない地位に陥れられているのである。

これは、少なくとも、都市計画法11条3項による「立体的都市計画」が定められていない都市計画事業について現行大深度法を適用したために憲法29条3項に違反する事態を招来させていることを意味する。

よって、本件大深度地下使用認可は、都市計画法11条3項による「立体的都市計画」が定められていない本件都市計画事業に大深度地下法を適用した点において違憲であり、その違法性が重大であるから無効であり、かつ処分取消事由がある。

2　本件都市計画変更決定の違法性

本件事業は、本件都市計画事業承認・認可及び本件都市計画事業変更承認・認可を受けて施行されているところ、当該承認・認可は、1966年（昭和41年）7月の旧都市計画法に基づく全線高架方式の道路の「都市計画決定」につき、2007年（平成19年）4月19日に地下方式に変更した「本件都市計画変更決定」（甲5、甲6）を基礎として行われたものである。

しかるところ、本件都市計画変更決定には以下のとおり多くの違法があり、それらの違法性は、これを基礎とする本件都市計画事業承認・認可及び本件都市計画事業変更承認・認可に承継され、その違法性は重大であるから上記各処分はいずれも無効であり、かつ処分取消事由がある。

(1)　都市計画法13条違反（本件事業地の都市計画との不適合：第5の1～4、9）

①　都市計画法13条は、「都市計画基準」に関する規定で、同1項は次のように定めている。

「都市計画区域について定められる都市計画（区域外都市施設に関するものを含む。次項において同じ。）」は、「当該都市の特質を考慮して、次に掲げるところに従つて、土地利用、都市施設の整備及び市街地開発事業に関する事項で当該都市の健全な発展と秩序ある整備を図るため必要なものを、一体的かつ総合的に定めなければならない。」

「この場合においては、当該都市における自然的環境の整備又は保全に配慮しなければならない。」

（略）

②　本件事業地とその周辺地域は、その大部分が東京都の都市計画によって第一種低層住居専用地域に指定され、その余も第二種低層住居専用地域、住居地域等の主として住宅の建築を用途とする地域に指定され、

基本的に「低層住宅」を主体とする良好な住宅地を形成する都市計画を定め、当該地域において「良好な住居の環境を保護する」こととしているのである。

ところが、本件事業は、前記第5の1ないし4及び9で指摘したように、上記地域地区の都市計画の定めを全く無視し、むしろそれに反する状況を本件地域に持ち込み、東京都自ら定めた地域地区の都市計画と矛盾し、これを破壊するものにほかならず、明らかに本件地域の都市計画に適合していない。

③ したがって、本件都市計画変更決定は、都市計画法13条に違背し、その違法性は重大である。

(2) 都市計画法11条3項違反（第5の9）

① 都市計画法11条3項の「立体的都市計画」制度

都市計画法11条3項は、次のとおり規定している。

「道路、河川その他の政令で定める都市施設については、前項に規定するもののほか、適正かつ合理的な土地利用を図るため必要があるときは、当該都市施設の区域の地下又は空間について、当該都市施設を整備する立体的な範囲を都市計画に定めることができる。この場合において、地下に当該立体的な範囲を定めるときは、併せて当該立体的な範囲からの離隔距離の最小限度及び載荷重の最大限度（当該離隔距離に応じて定めるものを含む。）を定めることができる。」

この規定は、第147国会（通常国会）で、「都市計画法及び建築基準法の一部を改正する法律案」として審議、制定され、2000年（平成12年）5月19日に平成12年法律第73号として公布、翌2001年（平成13年）5月18日から施行された。

この規定は、同じく第147国会（通常国会）で「大深度法」を制定することに併せて、「地下と地表部の適正かつ合理的な土地利用を図るため」に、地下に立体的な範囲を定めて都市計画に定め（立体的都市計画）、地表部の利用を制限しないようにすることを目的に、都市計画法に新設されたものである。

② **大深度法との関係**

この規定が大深度法の制定とともに設けられたのは、大深度法が事業区域にあたる土地につき、原則として無補償でその大深度地下に使用権を設定する効果を有する法令として制定したことから、当該事業を都市計画事業として施行する場合でも大深度地下使用権の区域以外で使用の妨げとならない地下部分及び地上部分を都市計画から除外するために用いることを想定したためである。

③「立体的都市計画」の定めの欠落

ところが、本件事業については、これを都市計画事業として、かつ本線トンネルを住宅街の大深度地下に建設し供用するため大深度法に基づき大深度地下使用認可を行うこととしたにもかかわらず、都市計画法11条3項による当該大深度地下使用部分に限った立体的都市計画を定めていない。

そのため、前記第5の9で指摘したように、本件大深度地下使用認可によって大深度に使用権が設定された区域にあたる土地は、都市計画事業の事業地として建築制限、譲渡制限及び先買権行使等の種々の都市計画法上の規制を受けるにもかかわらず、収用の対象ではないために、現に地上部分の明渡しを求められるなど「具体的な損失」を受ける場合以外は、収用に対する補償を受けることはなく、また大深度法に基づく補償も受けない結果となる。

しかしながら、これは憲法29条3項に明白に違背する。

かかる事態を招来したのは、本件のような大深度法に基づく大深度地下使用認可を行う土地につき、原都市計画を地下式に変更した本件都市計画変更決定をする際に、都市計画法11条3項に基づく「立体的都市計画」を定めなかったことによるものであって、それは同条3項に違背したものである。

④ 結論

よって、本件都市計画変更決定は、都市計画法11条3項に違背し、その違法性は重大である。

(3) 環境影響評価の不適切性（第5の2、3）

本件事業に関して東京都は環境影響評価を行ったと言うが、2007年（平成19年）3月に作成された環境影響評価書では、大気汚染、地下水位の変動、地盤変動等について、いずれも環境への影響が著しいものとはならないと評価しているものの、前記第5の3で指摘したように、そのいずれについても判断の基礎となる測定データが不明であり、その結果「予測の結果」は「環境への影響が著しいものとならないことを示す」ものとなっていない。

したがって、本件都市計画変更決定は、環境影響評価が適切に行われておらず、環境影響評価法12条に違反し、その違法性が重大であるから無効であり、かつ処分取消事由がある。

3　都市計画事業承認・認可及び都市計画事業変更承認・認可の違法性

(1)　都市計画法61条違反（事業施行期間の不適切性：第5の6）

都市計画法61条は、都市計画事業の承認及び認可の基準として、「事業施行期間が適切であること」（1号後段）と規定している。

しかるに、本件事業は、本件都市計画事業承認・認可申請及び本件都市計画事業変更承認・認可申請に際して、以下に述べるようにいずれも事業施行期間が確定していなかったことが明らかであり、上記規定に違反しているから違法であり、その違法性は重大であるから、本件都市計画事業承認・認可及び本件都市計画事業変更承認・認可は、いずれも無効であり、取消事由がある。

①　計画で想定されていた地中拡幅工事

本件地中拡幅部の工事は、市街化された地域の地下部において大規模な非開削による切り拡げ工事を行うもので、その方法は、本件事業承認・認可の時点では、JCTまたはICから本線トンネルへの連結路を開削またはシールド工法で掘削し、本線のシールドトンネルと併設し、その後両トンネルの周囲を地中で切り拡げた上で、両トンネルの隔壁を撤去して本線と連結路とを結合するというもので、その部分の断面が「馬蹄形」のトンネルになるよう切り拡げる計画であった。

②　東京外環トンネル施工等検討委員会による工法の見直し

しかるに、国土交通大臣ほかの本件事業者が有識者をもって組織した「東京外環トンネル施工等検討委員会」が、２０１２年（平成24年）７月に設置され、その後同委員会は地中拡幅部の工事につき「より確実な安全性や健全性の確保」のために、上記の元々計画されていた工法の見直しを開始した。

③　同委員会による「中間とりまとめ」（２０１３年（平成25年）３月）

２０１３年（平成25年）３月、「中間とりまとめ」を公表した。

これには地中拡幅部の工事について、次のように記載されている。

「地中拡幅部は、市街化された地域の地下部において、過去に前例のない大規模な非開削による切り拡げ工事となることから、工法の当該工事への適用性や信頼性のみならず施工時の安全性や長期的な構造物の健全性等、固有の条件を満足できるよう十分な検証を行う必要がある。」「このため、事業者が、工事の発注に先立ち、各ＪＣＴ・ＩＣ（東名・中央南・中央北・青梅街道）の地質・地下水・断面形状等の施工条件に適した工法を選定し、技術の実証等の検証を行う必要がある。」

④ 同委員会による「とりまとめ」（２０１４年（平成26年）６月）

同委員会は、その後も検討を続け、２０１４年（平成26年）６月、「とりまとめ」を公表した。

これには地中拡幅部の工事について、次のように記載されている。

「地中拡幅部の構造は、円形形状を基本とする。これにより、外環の条件における通常作用すると想定される最大荷重状態において、覆工構造が全断面圧縮状態となり、ひび割れが生じにくい構造となる。」

「また、外環の地中拡幅部においては、漏水を抑制するための十分な止水領域を確保する。特に地中拡幅両端のシールドトンネルとの接続となる箇所については、より確実に漏水を抑制するための十分な止水領域が必要である。」

このように、同委員会からは断面が「円形」となるよう地中を切り拡げて本線トンネルとＪＣＴまたはＩＣからの連絡路とを接合することが提案された。

⑤ 工法と工事施工期間の不確定

しかしながら、２本のシールドトンネルの周囲を、地下40ｍよりも深い地中において、非開削で、断面が「円形」となるよう切り拡げる工事は前例となる施工例が無く、しかも提案された切り拡げ部分は直径が30ｍにもなると想定されており、具体的な工事方法が確定していないことは、本件事業者自身も認めている。

⑥ 根拠のない「事業施行期間」の定め

ところが、２０１４年（平成26年）３月13日、本件都市計画事業承認・認可が、「事業施行期間」を２０２１年（平成33年）３月31日までと定めて行われ、同月28日に告示され、翌２０１５年（平成27年）６月、「事業施行期間」を変えることもなく本件都市計画事業変更承認・認可が行われ、同月26日に告示された。すなわち、これらの各処分は、地中拡幅部の工法が未確定であり、したがって「事業施行期間」や事業費の予測が全くできない状況であるにもかかわらず、根拠もないのに「事業施行期間」を２０２１年（平成33年）３月31日と定め、まさに「見切り発車」で強行されたものである。

⑦ **結論**

よって、本件都市計画事業承認・認可及び本件都市計画事業変更承認・認可は、いずれも「事業施行期間」が適切ではなく、都市計画法61条（1号後段）に違反しており、その違法性は明白かつ重大であるから無効であり、処分取消事由がある。

(2) **都市計画法60条3項1号違反（事業地を表示する図面の欠落：第5の7）（略）**

第7　原告らの訴えの利益（本件各処分により損害を受けるおそれ）及び原告適格（略）

第8　原告らによる本件各処分に対する異議申立等と処分取消訴訟の出訴期間（略）

結　語（略）

別紙　**処分目録**

(1) 国土交通大臣が２０１４年（平成26年）３月28日付け国土交通省告示第３９６号をもって告示した、国土交通大臣が国土交通大臣、東日本高速道路株式会社及び中日本高速道路株式会社に対してした大深度地下の公共的使用に関する特別措置法第16条の規定に基づく使用の認可。

(2) 国土交通大臣が２０１４年（平成26年）３月13日付で国土交通大臣に対してした東京都市計画道路事業都市高速道路外郭環状線の都市計画事業の承認（国都

計第120号)。
(3) 東京都知事が2014年(平成26年)3月13日付で東日本高速道路株式会社および中日本高速道路株式会社に対してした東京都市計画道路事業都市高速道路外郭環状線の都市計画事業の認可(25都市基街第270号)。
(4) 国土交通大臣が2015年(平成27年)6月26日付け国土交通省告示第810号をもって告示した、国土交通大臣が国土交通大臣に対してした東京都市計画道路事業都市高速道路外郭環状線の都市計画事業の変更の承認。
(5) 東京都知事が2015年(平成27年)6月26日付け東京都告示第1033号をもって告示した、東京都知事が東日本高速道路株式会社および中日本高速道路株式会社に対してした東京都市計画道路事業都市高速道路外郭環状線の都市計画事業の変更の認可。

別紙原告目録、等(略)

資料② 東京外環道問題と運動の歴史

1957年（昭和32年）	9月	東京都市計画高速道路調査特別委員会で東京都建設局都市計画局長が「環状6号より外側に高架高速道路が必要。23区の外側に1つ配置したい」と発言
1961年（昭和36年）～1965年（昭和40年）		「首都交通対策審議会」が外環道として東京緑地計画におけるグリーンベルトに沿うルートであり、現在の外環道東京区間とほぼ一致するルートを選定
1966年（昭和41年）	3月	外環道計画が新聞に掲載。この頃から沿線各地で反対運動が激化
	5月	「外環道路反対連盟」を設立。6月、106,000筆超の反対署名を建設相に提出
	6月	東都知事は建設相宛に外環道を含む審議案件を原案どおり議決した旨を答申
	7月	東京都区間が都市計画決定（専用部6車線高架式・一般部2車線地上式）
	7、12月	衆参両院で外環道反対の請願を採択
1970年（昭和45年）	10月	根本建設相の外環道事業区間凍結発言
1987年（昭和62年）	6月	外環道路反対連盟、立教女学院講堂（杉並区）で1000人集会
1994年（平成6年）	3月	東京外環道、和光IC～大泉JCT間延伸により関越自動車道と接続

1998年（平成10年）	3月	地下構造案に基づく自治体間調整のため、東京都が建設省・関係区市からなる「東京外かく環状道路とまちづくりに関する連絡会議」を設置
	5月	臨時大深度地下利用調査会答申
1999年（平成11年）	10月	石原都知事、武蔵野市、練馬区の現地視察。12月議会で地下化案を基本と表明
2000年（平成12年）	5月	大深度地下の公共的使用に関する特別措置法成立
2001年（平成13年）	1月	扇国土交通相と石原都知事が三鷹市、武蔵野市の現地視察
	4月	「大深度地下の公共的使用に関する基本方針」閣議決定
		国と都とが計画を地下構造に変更する「計画のたたき台」を公表
	5月	国交相、国会で遺憾の意表明
2002年（平成14年）	1月	沿線区市長意見交換会
	6月	PI（パブリック・インボルブメント）外環沿線協議会発足、ただし、「外環の２」は別途協議することで合意
	11月	東京環状道路有識者委員会、最終提言
2003年（平成15年）	3月	地下 40m 以深の大深度地下とする「方針」公表（1月公表を変更）
	7月	「環境影響評価方法書」公告。2004 年 1 月、沿線環境調査開始

2004年（平成16年）	5月	沿線区市で地域ごとの話し合い開催
	10月	「PI 外環沿線協議会（PI 協議会）」2年間の取りまとめ
2005年（平成17年）	1月	「PI 外環沿線会議（PI 会議）」発足
	9月	国と都「東京外かく環状道路（関越道～東名高速間）についての考え方」公表
	10月	「計画概念図」を公表
	11月	「大深度トンネル技術検討委員会」設置
2006年（平成18年）	2月	「環境への影響と保全対策」公表
	6月	「都市計画変更案」と「環境影響評価準備書」の公告・縦覧（関越道～東名高速）
2007年（平成19年）	1月	「大深度地下の公共的使用に関する特別措置法」に基づく事業間調整を実施
	3月	三鷹市議会、外環道計画の受け入れの是非を問う住民投票条例案否決
	4月	関越道～東名高速間が地下方式への都市計画変更決定
2008年（平成20年）	1月	「第1回東名 JCT 周辺地域の課題検討会」から地域ごとの PI を順次開催
	10月	外環の2（武蔵野）訴訟提訴（判決：2015.11 地裁、2016.4 高裁、2017.1 最高裁）
2009年（平成21年）	1月	外環ネットが「わたしたちの『地域課題検討会』報告会」を武蔵野市で開催

2009年（平成21年）	4月	国と都が「対応の方針」取りまとめ
		第4回国土開発幹線自動車道建設会議（国幹会議）で、関越～東名の整備計画を策定。外環ネットが会場前で抗議行動
	5月	整備計画決定。平成21年度補正予算成立を受け事業化
	9月	「コンクリートから人へ」民主党政権誕生
	9～12月	外環ネットが「外環ウォーク」を6回に分けて開催
	10月	補正予算見直しにより71億円のうち測量設計費を除く66億円が凍結
	12月	「事業の概要及び測量等の実施に関する説明会」を開催
2010年（平成22年）	8～11月	道路区域一部決定（大泉JCT・目白通りIC、中央JCT・東八道路IC、東名JCT）
	11月～2011年1月	「外環ウォーク Part 2」を3会場で実施し、「外環巨大地図」作成
2011年（平成23年）	1月	「基本設計及び用地に関する説明会」を開催
	3月	東日本大震災。福島原発事故
	10月	「用地買収に係る地権者への説明の会」を開催（大泉、中央、東名JCT地域）
	12月	2012年着工、2020年までに関越～東名間完成の方針表明
2012年（平成24年）	2月	倉敷（水島）海底トンネル事故　死者5名
	3月	外環ネット「福島連帯」院内集会「1.2兆円外環道予算を東北被災地復興へ」

	4月	東日本高速道路（株）、中日本高速道路（株）に対する有料事業許可
	5月	東名 JCT 予定地準備工事開始。土壌汚染問題発覚
	8月	外環ネット院内交渉（環境省：PM2.5、土壌汚染。国交省：欠席）
	9月	東京外かく環状道路（関越～東名）着工式。住民が抗議行動
		「外環の２」の大泉（1 km区間）事業認可
2013年（平成25年）	3月	「外環の２」事業認可取消訴訟（外環の２練馬訴訟）提訴（判決：2017.3 地裁、2018.2 高裁、最高裁に上告）
	8～9月	「道路の立体的区域の決定及び区分地上権設定に関する説明の場」開催
	9月	外環道大深度地下使用認可申請説明会開催
		道路区域決定（青梅街道 IC）と道路の立体的区域決定（全線）を官報で公告
	11月	大深度地下使用認可申請、都市計画事業申請（12月縦覧、意見書提出）
2014年（平成26年）	2月	外環道大深度地下使用認可にかかる公聴会。公述人 22 人中 16 人が反対意見
	3月	外環道大深度地下使用認可を告示　5月：異議申し立て運動へ（1000 件超）
		都市計画事業承認および認可　5月：異議申し立て運動へ（約 200 件）
	4月	都市計画法 66 条説明会（65 条建築制限、67 条先買権、家屋調査）
	5月	東名 JCT 立坑工事現場で鉄筋 40 本が落下、作業員 3 人が死傷

2014年（平成26年）	7月	「地中拡幅部の都市計画変更素案」説明会
	9月	青梅街道IC取消訴訟提訴
	12月	大深度地下使用認可異議申立の口頭意見陳述開始
2015年（平成27年）	2月	大深度地下利用に反対する院内集会を外環ネットとリニア東京・神奈川連絡会との共催で開催
	3月	都市計画変更決定（地中拡幅部）
	4月	家屋調査実施を通告開始
	5月	都市計画提案制度による「外環の2」廃止提案を東京都都市計画審議会が否決
	6月	殿山横穴墓2基発見、7月15基発見、9月26日見学会
		地中拡幅部変更の都市計画事業承認および認可。8月：地中拡幅部変更の都市計画事業承認・認可に対する異議申立約300件
	12月	事業連絡調整会議第2回、「地中拡幅部は世界最大級の難工事」
2016年（平成28年）	1～11月	都市計画事業承認の異議申立の口頭意見陳述
	11月	博多駅前道路陥没事故
	11月～2017年4月	地中拡幅部変更の都市計画事業承認の異議申立の口頭意見陳述

2017年（平成29年）	2月	シールド工事説明会で緊急時避難計画策定を事業者が約束
		シールドマシン発進式。住民が抗議行動
	3月	地中拡幅部工事入札に関する談合疑惑について国会質問。9月、入札取消 2018年9月、東日本高速道路が再度入札公告
		緊急時避難計画策定の意見書を調布市議会採択、6月：武蔵野市議会採択
	7月	大深度地下使用認可の異議申立に対する裁決（棄却・却下）
		中央JCT南の区分地上権者に対して、土地収用法に基づく強制測量実施
	8月	横浜環状北線地盤沈下報道。27、28日家屋補償説明会に外環ネット参加、現地調査も
	12月	東京外環道訴訟提訴（18日）。口頭弁論（第1回2018.3.13、2回6.12、3回10.9）
2018年（平成30年）	3月	東名JCT地中拡幅部の工法を地権者限定で説明
	5～6月	東名JCT周辺の野川から酸欠気泡発生、観測井と地表面に地下水流出
	6月	東京外環道三郷南IC～高谷JCT間開通。外環道埼玉と千葉区間全線開通
	7月	「トンネル工事の安全・安心確保の取組み」を公表

資料③　東京外環道関連団体

東京外環道問題に関わってきた団体は、数多く、とても全体を網羅することはできません。現在、私たちと連携しながら活動している団体には、次のような組織があります。当該団体からの「自己紹介」を生かしながら、紹介させていただきました。連絡先の個人情報や組織関係に関わる部分は、省略させていただきました。

▼外環ネット

外環道に関する住民運動グループ間の情報共有を目的に2007年設立。住宅地直下のトンネル建設、地下水の保全、道路の必要性、大気汚染など、住民が抱える問題に答えない国交省や東京都に対し、2009年には、住民による『地域課題検討会』報告会」を開催。沿線各地の市民とともに外環道予定地を歩く「外環ウオーク」を実施した。

また、東京都都市計画審議会、国土開発幹線自動車道建設会議（国幹会議）や着工式、シールドマシン発進式など節目ごとに街頭アピールを展開。衆参院議員会館や地元での集会を開催するなど、市民運動のネットワークを生かして活動を続けている。

▼元関町一丁目町会外環道路計画対策委員会

外環道の地下化に伴う青梅街道インターチェンジ設置に「絶対反対」の立場の練馬区関町南地域の町会の対策委員会。２０１３年の「道路区域決定」に対しては、「生活と権利を守る元関町会地権者の会」を結成し、測量拒否で対決した。これによって買収率を20％台にとどめている。２０１４年9月、地権者など10人が青梅街道インターチェンジ事業認可取消訴訟原告団となり、国と都を提訴。「支える会」も立ち上がり、町を挙げた裁判を展開している。

▼とめよう「外環の２」ねりまの会

外環道本線の地上部道路「外環の２」9キロのうち、都が他区市に先行して建設しようとしている練馬の３キロ（前原交差点から千川通りまで）の住民を中心に、２０１２年から活動している。目標は石神井公園の自然環境、住民のつながりを、不要な大型道路から守ることで、『外環の２』練馬訴訟を支える会」に協力して活動している。

▼「外環の２」練馬訴訟を支える会

外環道本線の地上部道路「外環の２」の全体像が定まらないにもかかわらず、国は大泉ジャンクション以南の1キロを先行して事業認可した。これに対し、２０１３年3月、認可取り消しを求め、東京地裁に提訴。「外環の2練馬訴訟」が始まった。地裁・高裁を経て、現在最高裁で係争中。この裁判を支えるための活動をおこなっている。

▼外環道検討委員会・杉並

国土交通省・東京都は、杉並区で外環道に関する「地域課題検討会」を開催し、公募で選ばれたメンバー100名が参加した。しかし、住民側の不安、問題点が全く解消されずに終了したため、メンバー有志が集まり、2009年1月に設立した。

地元関係町会、区役所、区議会へ働きかけるとともに、沿線の市民グループと連携しつつ、外環道事業者との折衝に当たっている。外環道地上部の道路計画「外環の2」問題にも取り組んでいる。現在の会員数は66人。

▼むさしの外環反対の会

外環道が高架で計画されていた1967年に設立。月1回定例会を開き、外環道本線、「外環の2」について情報を集め、意見交換し、必要に応じて発信している。

▼むさしの地区外環問題協議会

2005年発足。武蔵野市の東部の3つのコミュニティセンター（吉祥寺東、本宿、吉祥寺南町）のネットワーク事業として始まった。「外環道路計画」に「賛成」「反対」「よく分からない」などの立場の方も参加できるようにし、最新の情報を共有し、まちづくりを考えていくことを目的に活動している。世話人は3つのコミセンの委員長。

▼市民による外環道路問題連絡会・三鷹

東京外環道路の問題を明らかにし、市民意思を反映し、問題を解決することをめざす三鷹の会。外環道の是非を問う住民投票実現をめざした「外環道路住民投票連絡会」を土台に２００７年10月発足。賛同人１９５５名。「外環道路計画の中止を求める10万人署名」活動を展開中。延べ１１８万部のニュース、集会などで延べ５０００人を超える市民で話し合いを続けている。

▼外環道路予定地・住民の会

予定地の住民の権利と環境を守ることをめざし、２０１４年６月発足。「市民による外環道路問題連絡会・三鷹」と連携して活動している。国に対して、住宅地の下に道路トンネルを建設することへの異議申し立て、工事内容の説明、区分地上権設定契約書の内容説明、安全・安心の確保、などを要求。国を呼んで説明をさせる会を開催した。

▼調布・外環沿線住民の会

２０１６年12月から、調布市域沿線住民により、調布市議会、および調布市に対して外環道の安全性に関する働きかけを始めた。２０１７年３月議会に、実効性ある緊急時避難計画の策定を求めて陳情し、全会一致で採択、国へ意見書が提出された。市域の軟弱な地盤（東久留米層）への深刻な影響が懸念される中、住民の生命と財産の安全確保のため、引き続き働きかけをしている。

▼野川べりの会

野川べりの自然の恩恵を受けて暮らしてきた世田谷区、狛江市、調布市の住民が2014年1月につくった組織。毎月第3日曜日に地権者と近隣住民との交流会を持ち、2か月に1度、外環道沿線1500戸にチラシを配布し、国交省、東京都、世田谷区、調布市などに要請活動をしてきている。現在の緊急課題は、酸欠気泡から住民の命を守るための要請活動と実効性のある避難計画の策定。

▼外環いらない！ 世田谷の会

2012年11月22日に成立。外環道の問題点を広く区民に知らせていきたいと「会」をつくった。「・私たちは外かく環状道路の建設に反対します ・それは環境破壊につながるからです ・家や畠をつぶし、町こわしにつながるからです ・大量の車の排気ガスは大気を汚染し、健康被害につながるからです ・道路より緑を！」を掲げている。

▼外環道検討委員会

2008年9月、国・都主催の「東名ジャンクション周辺地域の課題検討会」（世田谷区登録者86人）の協議が終わる日、「協議不足」として会場で自主協議の継続を呼びかけ、呼応した参加者約40人で設立した。

2012年の立坑工事ヤード土壌汚染事件では、土壌汚染対策法により約1年間、住民が国などを追及、工事の中断・遅延に至らせた。その後、他団体の設立などを支援。工事の先発地域として着工式、発進式など常に新しい課題に見舞われている。今は酸欠気泡に見舞われている。活動は主に世田谷区。会の方針は多様で、破壊された「殿山横穴墓群」保存活動など、行政との連携もある。

▼東名ＪＣＴ近隣住民の会

２０１４年、東京ジャンクション部分の買収が始まるなか、建設地特有の個別問題に対処すべく、買収を拒否する地権者と地域住民が、反対のスタンスで設立。直接被害を受ける住民の声を国・行政・事業者に伝え、地域へフィードバック。地元や沿線一帯の組織と連携した活動をしている。立坑の振動、掘削土壌汚染問題、日照権、換気塔デザイン募集などに抗議した。

▼都市計画道路問題連絡会

都内の一般道（都市計画道路）を止めようと活動している、約60の各地の住民団体の情報共有と連携を目的とした会。最近は都内の議員と連携した合同会議や学習会などの開催、各地の運動経験のＳＮＳによる発信、都への政策提言もおこなっている。

▼道路住民運動全国連絡会

各地の運動団体と連携しながら、道路建設をめぐってやむことのない行政と住民とのトラブルや悩みの相談に応じている。毎年開催する全国交流集会、適宜開催するシンポジウム、学習会、集会などを通じて、道路政策や道路行政、公共事業のあり方、環境、交通政策などを研究、検討し、その成果をアピールや声明として発表している。運営は、全国事務局と幹事会が中心になっている。

▼公共事業改革市民会議

道路、林道、湿地埋立て、スーパー堤防、ダム、リニア新幹線など、多くの分野の公共事業問題を相手にしている仲間が、バラマキ、環境破壊、インフラ老朽化などの問題を抱えた旧来型の公共事業から「国民の利益につながる事業への改革をめざすには各分野の運動体が団結しよう」と、緩やかな連絡体として「公共事業改革市民会議」を2013年に結成。「公共事業の決定・再評価の主人公は国民」を合言葉に、公共事業チェック議員の会などと連携して活動している。

▼リニア新幹線沿線住民ネットワーク

2013年2月に設立。リニア新幹線の反対運動をしていた沿線の1都6県の11の団体が、連携して運動を拡大するために作った。各地の情報を交換しつつ、運動の強化に努めているが、JR東海や国交省への要請・声明の発表など対外的な行動も担い、本団体を母体として「ストップ・リニア！訴訟」も提訴されている。リニア新幹線の大都市部（東京・神奈川・愛知）の一部区間にも、大深度法が適用されている。

あとがき

この本は、裁判に踏み切った私たちの運動を報道で知ったあけび書房の久保則之代表が、2018年3月13日の第1回口頭弁論を傍聴されたことから始まりました。いくつもの運動に関わる本を発行してきた久保代表は、この問題を国民に広く知らせていくことが重要だ、と考えられたのです。何とかして問題を知らせたいと考えていた「東京外環道訴訟を支える会」はこの企画を決め、会が編者になって、私が執筆することになりました。

実は私も、沿線に住み、高架の時代の反対運動もわずかに関わっていましたが、長い「凍結」の間に、地域で取り組んでいた人々も次々と鬼籍に入り、私の周辺での運動は低迷しました。私も勤めていた通信社の人事異動で地域を離れたりし、運動には疎遠になりました。

しかし、「地下化」を決めた事業者たちは着々と計画を推進し、気づいてみると、とんでもない状況に進んでいました。そして、新しい状況に対応する新しい仲間たちが、続々と運動を担っていました。

「異議申し立てをするんだけど、口頭意見陳述してくれない？」――調布市の都市計画道路の問題で知り合った籠谷清さんが、そう誘ってくれたことで、私も再びこの運動に関わるようになりました。

調べてみると、いろいろなことが分かってきました。

「理屈では地球の中心まで自分の土地」という財産権の原則が崩され、何が「公共の福祉」かを決めるのは、お役所でも建設会社でもなく、私たち国民でなければならない、という民主主義の原則も踏みにじられ、何より、住民の納得どころか、相談も話し合いもなく手続きが進むという、いまの政治と行政のおかしさが、至る所で見えてきました。

外環道の問題は、米軍基地の存在や、沖縄の負担を無視し自然を破壊して進む辺野古基地建設や、あの大事故があっても原発再稼働を進める原発行政の姿勢と相通ずるものがあります。利権に結びつき、いったん決めたことは、どうあっても突き進む、いまさら方向転換することなどできない、という、頑なな「お役人体質」から抜け出せない政治と行政です。

外環道訴訟の原告たちは、こうした中で、日本国憲法の理念と、さまざまな民主的手続きの立場から裁判に訴えました。「行政処分の無効確認」ですから、この裁判自体は「賠償要求」

ではありません。私たちのふるさとを守るために、おかしいことはおかしいと言おう、おかしいことを直す、しなやかな日本であってほしい。その思いで、この本はできました。

執筆、編集の過程では、これも入れたい、これは入っているか？　このことをもっと強調しよう、この言葉は甘過ぎる、と実に多くの皆さんの声が寄せられました。皆さんの声は小さなことばひとつにも人生を背負った生活の重みがあり、闘いの歴史があり、無視することができないものです。そうした声をできるだけ吸収し、取り込みたいと作業しました。しかし、そうした声を十分消化しきれなかったのは、私の力不足としか言い様がありません。その過程で、あけび書房の久保代表には校正の最終段階まで大変なご迷惑をおかけしました。

この本は、支える会の大塚康高代表、編集委員会に参加してくださった原告の野村羊子さん、岡田光生さん、取材に応じていただいた古川英夫さんはじめ多くの方々の協力でできました。支える会事務局長の籠谷さんには、資料集めから原稿整理、厳しいデスク役まで果たしていただきました。改めて感謝します。

２０１８年10月25日

丸山　重威

編者：東京外環道訴訟を支える会

東京外環道問題に取り組み、決定や承認に異議申し立てをおこなってきたメンバーが、2017年9月、訴訟の準備会を結成、12月に原告13人で提訴に踏み切ると同時に、訴訟を支える会を結成した。訴訟当事者の原告･弁護団会議と一緒に、裁判勝利を目指している。弁論などがおこなわれるごとにニュースを発行し、集会を開いてアピールしている。ホームページは http://nongaikan.sblo.jp/

著者：丸山 重威（まるやま しげたけ）

ジャーナリスト・ジャーナリズム研究者。

1941年、静岡県浜松市生まれ。早稲田大学卒、共同通信社に入社し社会部を中心に取材活動。2003年から関東学院大学同法科大学院教授、中央大学兼任講師として「マスコミュニケーション論」「ジャーナリズム論」「法とマスコミュニケーション」などを担当。1969年から調布市在住。

著書に、『新聞は憲法を捨てていいのか』（新日本出版社）、『安倍改憲クーデターとメディア支配――アベ政治を許さない』（あけび書房）など。編著書に、『民主党政権下の日米安保』（花伝社）、『これでいいのか福島原発事故報道』（あけび書房）、『これでいいのか！日本のメディア』（同上）など。

住宅の真下に巨大トンネルはいらない！

2018年11月5日　第1刷発行©

著　者――丸山 重威
編　者――東京外環道訴訟を支える会
発行者――久保 則之
発行所――あけび書房株式会社
102-0073　東京都千代田区九段北1-9-5
☎03.3234.2571　Fax 03.3234.2609
akebi@s.email.ne.jp　http://www.akebi.co.jp

組版／キヅキブックス　印刷･製本／モリモト印刷
ISBN978-4-87154-162-6　C3036